中等职业学校创新示范教材

园林种植工程施工

于红立　向星政　主编

中国林业出版社
China Forestry Publishing House

图书在版编目(CIP)数据

园林种植工程施工 / 于红立，向星政主编. —北京：中国林业出版社，2019.10
中等职业学校创新示范教材
ISBN 978-7-5038-8229-6

Ⅰ. ①园… Ⅱ. ①于… ②向… Ⅲ. ①园林植物 - 观赏园艺 - 中等专业学校 - 教材 Ⅳ. ①S688

中国版本图书馆 CIP 数据核字(2015)第 250181 号

责任编辑 曾琬淋
出版发行 中国林业出版社
邮编：100009
地址：北京市西城区德内大街刘海胡同 7 号
电话：010 - 83143630
邮箱：jiaocaipublic@163.com
网址：http://www.forestry.gov.cn/lycb.html
经　　销 新华书店
印　　刷 固安县京平诚乾印刷有限公司
版　　次 2019 年 10 月第 1 版
印　　次 2019 年 10 月第 1 次印刷
开　　本 710mm × 1000mm 1/16
印　　张 4.75
字　　数 85 千字
定　　价 28.00 元

《园林种植工程施工》
编写人员

主　　编　于红立　向星政

副 主 编　马润国

编写人员　（按姓氏拼音排序）

刘　平（北京市花木有限公司）

马润国（北京丹青园林绿化有限责任公司）

魏　娜（北京市紫竹院公园）

向星政（北京市园林绿化集团有限公司）

于红立（北京市园林学校）

前　言

“园林种植工程施工”是园林技术专业的核心课程之一，是根据园林种植工程施工典型职业活动直接转化的理论与实践一体化课程。本教材打破以往学科体系教材的特点，突出实践性、应用性、可操作性和趣味性，按照中职学生的认知规律和特点以及园林行业的实际特点，本着理论知识“够用”和技能操作“先进、实用”的原则确定教材内容。本教材以完成真实工作任务为载体，在完成任务过程中实现对知识和技能的掌握。以典型的园林种植工程施工工作任务流程为主线，结合季节性和植物生长发育规律，将行业标准有机地融入教材内容当中，体现了职业性，突出了技能性。教材在编写过程中体现行动导向，突出“学中做”和“做中学”的理念，突出对学生综合职业能力的培养。教材图文并茂，有过程性描述和配图，并将隐性知识融入到实际操作中。

本教材按照单元、任务的体例编写，共分为 4 个单元 12 个任务。前 3 个单元内容为正常季节种植苗木，单元四内容为非正常季节种植苗木。在正常季节种植苗木的相关内容中，按照苗木类型分为 3 个单元；在非正常季节种植苗木的相关内容中，按照苗木类型分为 3 个任务。每个单元设有单元介绍、单元目标，每个任务设有任务描述、任务目标、任务流程、知识链接、知识拓展等。任务主题鲜明、结构完整、逻辑清晰、层次分明。每个任务实施的过程基本相同，但是任务目标和任务内容不同，所以完成每个任务的侧重点也不同。

本教材由从事中等职业教育教学改革的一线教师和富有多年企业生产实践经验的专业技术人员编写。主编为于红立、向星政。编写分工如下：单元一由于红立编写；单元二的任务一由于红立、向星政编写，任务二由于红立、马润国、向星政编写，任务三由魏娜编写；单元三的任务一由刘平、魏娜编写，任务二、任务三、任务四由魏娜、于红立编写；单元四由马润国、于红立编写；书中设计图由谢万里提供。于红立担任书稿统稿。

本教材可供开设园林相关专业的中高职院校使用，同时可供生产实践第一线的园林绿化工程技术人员使用，还可供园林培训使用。

对于本教材存在的不当或者不足之处，欢迎广大读者批评、指正，以便进一步完善。

编者

2019 年 5 月

目　录

单元一
种植乔灌木

单元介绍

种植施工是指将被移栽的苗木按要求重新栽种的操作，包括3种情况：假植、移植、定植。假植是指短时间或临时将苗木根系埋在湿润的土中；如果苗木栽植在某一个地方，生长一段时间后，仍需移走，这种栽植称为移植；按照设计要求，苗木栽植以后不再移动，永久性地生长在栽植地，则这种栽植称为定植。园林种植工程又称为栽种工程、绿化工程，是指按照设计施工图纸与施工组织计划，结合园林植物的生态学特性，对园林植物进行科学施工与管理的过程。由于植物类型不同、生态习性不同，所以不同类型植物的种植方法不同。同种类型植物在不同的季节和环境条件下种植方法和要求也不尽相同。

北京地区大多数植物最佳栽植期为春季的3月中旬至4月下旬，在这个时期移植植物称为正常季节种植；在正常植树季节以外的季节移植植物称为非正常季节种植。本教材前3个单元内容为正常季节种植。本单元内容为种植乔灌木，讲述在植物正常生长季节，对一般乔灌木进行移植；又根据移植乔灌木时是否带土球，将移植分为裸根苗木种植和土球苗木种植两大类。本单元分为2个任务，分别是种植裸根苗木和种植土球苗木。“种植裸根苗木”任务主要学习准备裸根苗木、准备施工现场、种植裸根苗木等内容；“种植土球苗木”任务主要学习准备土球苗木、准备施工现场、种植土球苗木等内容。

单元目标

通过完成裸根苗木和土球苗木的种植施工过程，掌握种植前材料准备、场地准备、种植施工及栽后养护的相关知识；熟悉整地、定点放线、挖穴、掘苗、打包、种植、栽后养护等职业标准和规范；培养质量、安全、成本、进度、合作意识和吃苦耐劳的精神。

任务一　种植裸根苗木

【任务描述】

4 月初，北京市某商务区新建小庭园绿地（约 $3000m^2$）需要绿化。按照园林种植施工图，需要种植 5 株国槐，国槐规格为胸径 5～6cm，生长健壮、无病虫害。物业公司根据设计图纸的要求，到北京市黄垡苗圃、大东流苗圃选苗，苗圃地土壤为普坚土。新建小庭园绿地的地表有灰槽、砖瓦、砂石、钢筋等建筑垃圾，现场还有 2 株不需要保留的树木。该小庭园内接近 $1000m^2$ 的土壤中含有粒级为 1cm 以上的渣砾，且因为小庭园周围建筑施工遗留了一些建筑垃圾，如混凝土、三合土等，致使近 $2000m^2$ 的土壤需要改良。

【任务目标】

1. 掌握国槐裸根苗木选苗、掘苗、装车、运苗、卸车、种植、栽后养护的相关知识。

2. 掌握清理障碍物、筛土、改良土壤、整理绿化用地、定点放线、挖穴等施工现场准备工作的相关知识。

3. 学会掘苗、装车、运输、卸车等操作技能。

4. 学会筛土、改良土壤、整理绿化用地、定点放线、挖穴等技能。

5. 学会裸根苗木栽后围堰、立支柱、浇水、修剪等养护操作技能。

【任务流程】

选苗—掘苗—运输—清理障碍物—原土过筛—客土改良—整理绿化用地—定点放线—挖穴—种植—栽后养护—清理现场

一、选苗

1. 选苗标准

①符合国槐苗木规格要求（胸径 5～6cm）。

②植株健壮，无病虫害和偏冠现象。

③根系发育良好。

④枝条充实饱满，无损伤。

2. 选苗方法

按照以上选苗标准，对照各个苗圃的国槐苗木，从中优选出5株符合要求的国槐苗木。

3. 标记苗木

用系绳(草绳、尼龙绳、玻璃绳等)、涂色或持牌等方法，将绳、颜料或标牌等在国槐生长势好、观赏性好的一面的树干或枝条上做标记。

注意事项：

1. 尽量选用苗圃的实生苗，少用扦插苗，不宜用野生苗。
2. 尽量选用本地苗木，少用外地苗木。若选用外地苗木，必须提供检疫证。
3. 标记苗木的位置不宜过高或过低。
4. 做标记时，注意保护树干和枝条不受损伤。

知识链接：

1. 裸根苗木：挖掘时根部不带土或仅带护心土的苗木。
2. 胸径：按照《绿化种植分项工程施工工艺规程》(北京市地方标准DB11/T 1013—2013)，胸径指距地坪1.3m高处的树干直径。
3. 选苗：俗称“号苗”，根据设计图纸要求，在选好的苗木上用涂色、挂牌或拴绳等方法做出明显的标记。

二、掘苗

1. 所需工具和材料

皮尺、白灰(或白腻子粉)、橡胶手套、尖锹、镐、手锯、剪枝剪等。

2. 内容及步骤

(1)确定国槐根系规格　国槐的胸径为5~6cm，则国槐根系的直径为50~60cm，定为60cm。

(2)掘苗

①以选好的国槐苗木树干为中心，30cm为半径，在地上画圆圈，用白灰(或白腻子粉)做标记(用铁锹或佩戴橡胶手套的手在绿地上顺手画圈)。

②用尖锹沿着圆圈由外向内垂直挖掘，遇到大根用手锯锯断，遇到小根用剪枝剪剪断，须根可用铁锹切断(图1-1-1)。

③将侧根全部挖断后再向内掏底，挖到40cm深度，将下部根系铲断，轻轻放倒苗木。轻轻拍打外围土块，但尽量保存根部护心土(宿土)(图1-1-2)。

④待苗木运走后，将原种植穴用土填平。

图 1-1-1　挖掘裸根苗木

图 1-1-2　裸根苗木

注意事项：

1. 掘苗时要尽量多保留较大根系，保护大根不劈不裂，并尽量多保存须根，留些宿土。2cm 以上的剪口一定要处理。

2. 苗木掘完后应立即装车运走。如果苗木不能及时被运走，可在原种植穴内假植。

知识链接：

1. 若苗木种植地的土壤过于干燥，则在掘苗前 2～3 天灌水湿润土壤；若有积水，则需要提前排水。

2. 拢冠：对于冠丛庞大的灌木，特别是带刺的灌木如黄刺玫等，为方便操作，应先用草绳将树冠捆拢起来，但应注意松紧适度，不要损伤枝条。

3. 裸根苗木掘苗的根系幅度：一般落叶乔木，为胸径的 8～10 倍；落叶灌木，为苗木高度的 1/3 左右。掘苗的深度为根幅的 3/4～4/5。

4. 假植：苗木掘出后如一时不能运走，或者到工地后不能及时种植，应采取将苗木根系用湿润土壤临时性填埋的措施。

在种植地附近选择背风的地点挖假植沟，沟宽、沟深应适合根冠大小，沟长度根据苗木量而定。先挖一浅横沟，2～3m 长，然后立排一行苗木，紧靠苗根再挖一同样的横沟，并用挖出来的土将第一行树根埋严，挖完后再码一行苗，如此循环直至将苗木全部假植完。全部假植完毕后，要仔细检查，应将苗木根系埋严，不得裸露；树梢应顺应当地风向，朝南或朝东。假植期间，需随时检查，如发现土壤过干，应适量洒水 ，但绝不可大量灌水使土壤过湿。

三、运输

1. 所需工具和材料

手锯、剪枝剪、粗麻绳、蒲包片(或麻袋片)、草绳、苫布、汽车等。

2. 内容及步骤

(1)装车

①装车前对国槐进行粗略修剪，以减少水分蒸发。

②装车时，树根朝前，树梢向后，按顺序码放，用粗麻绳将树干与车捆牢。

③车后厢采用麻袋片或蒲包片等铺垫，防止磨损干皮。

④树梢可垫蒲包片用绳子吊拢，以免拖地。

⑤装完车后用苫布将树根盖严捆好，以防树根失水。

(2)运苗

①提前检查运输路线，以确保车辆能够通行。

②押运人员在运输途中要和司机配合好，检查苫布是否漏风。

(3)卸车　人工卸苗，轻拿轻放，不得损伤苗木。从上向下按顺序拿取，不能乱抽，更不能整车推下。卸苗与散苗同步，将国槐苗木放置于种植穴内或种植穴边缘。

四、清理障碍物

1. 所需工具和材料

尖锹、平锹、镐、手锯、电锯、手推车、汽车、橡胶手套等。

2. 内容及步骤

将现场的灰槽拆除，与现场地表的砖瓦、砂石、钢筋等建筑垃圾集中堆放。现场不需要保留的2株树木经审批可以伐除，连根除掉，用锯截成若干段。最后将所有障碍物装车运走。

五、原土过筛

1. 所需工具和材料

口径40~60mm的钢筛、尖锹、镐、手推车、汽车、橡胶手套等。

2. 内容及步骤

因现场有1000m^2的土壤中含有粒级1cm以上的渣砾，所以需要筛土。采用口径40~60mm的筛子将此范围内的土壤过筛。过筛土壤的厚度为一铁锹深，即

30cm 左右深（图 1-1-3）。将筛余渣土集中装车运走。

图 1-1-3　土壤过筛

六、客土改良

1. 所需工具和材料

铁锹、镐、手推车、汽车等。

2. 内容及步骤

因该庭园绿地中含有混凝土、三合土等建筑垃圾，所以要进行客土改良。将含有建筑垃圾的土壤挖掘出来，装车运走。选择通气、透水条件好，有保水保肥性能，土内水、肥、气、热状况协调良好的土壤更换。

知识链接：

1. 客土：将种植地点或种植穴中不适合种植的土壤更换成适合种植的土壤，或掺入某种栽培基质改善土壤的理化性质。

2. 按照《园林绿化种植土壤》（DB11/T 864—2012）标准，需要客土的应提前办理洽商手续，方可客土。

七、整理绿化用地

1. 所需工具和材料

尖锹、镐、齿距 4～5cm 的平耙、手推车、汽车、放线仪器、标高桩等。

2. 内容及步骤

挖高填低，将种植土翻耕 30～50cm 深度，以利于蓄水保墒。将土块拍碎，将砖头、瓦块等垃圾清理出来。用耙子耧平、耙细，整理地形，将渣土集中装车运走。按照竖向设计图纸找平、起坡造型：放线，设置标高桩，倒运土方，堆土、压实，修坡整形，并使地形自然流畅，以利于排水。

注意事项：

现场应清理干净无遗漏，无直径大于 5cm 的砖（石）块、宿根性杂草、树根及其他有害污染物。

八、定点放线

种植单株的乔木、灌木、攀缘植物时，需要确定苗木种植点；种植成行、成片的绿篱、色带等苗木时，则需要确定苗木种植槽边界；而种植竹类时，只需要确定种植范围即可。定点放线的方法是相同的。

本任务是种植乔木国槐，所以需要对国槐种植点进行定点放线。

1. 所需仪器和工具

经纬仪、标杆、比例尺、皮尺、线绳、小木桩(或白灰)、小桶、胶皮手套、铁锹等。

2. 方法及步骤——距离交会法

①确定小庭园边界线为参照物。

②在设计图纸上用比例尺分别量出国槐种植点到2个参照物的距离(图1-1-4)，则这2个边长与参照物本身的一个边长就构成了三角形。三角形三条边的边长为已知。

③在施工现场，用测量仪器测量出这个三角形的3个边长，则国槐种植点的位置就确定了(图1-1-5)。

④用木桩(或白灰)标记国槐种植点位置。用木桩标记时，在木桩上标明国槐名称(或代号)及规格(图1-1-6)。

图1-1-4 量种植点到参照物距离

图1-1-5 用距离交会法测设国槐种植点位置

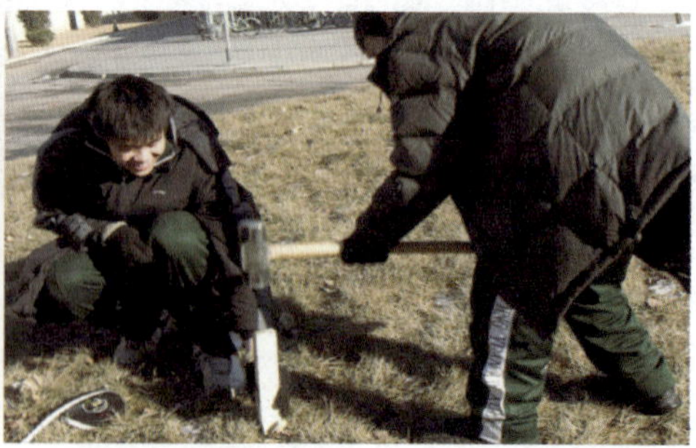

图1-1-6 用木桩标记种植点位置

⑤根据苗木规格确定种植穴规格。国槐的规格为胸径5～6cm，则国槐根系的直径为50～60cm，定为60cm。种植穴直径比根系直径大20～30cm即可，即80cm。种植穴深度约为其直径的2/3即可，即约60cm。

⑥用白灰标记种植穴挖掘线的位置(图1-1-7、图1-1-8)。

图1-1-7　用白灰标记种植穴位置

图1-1-8　用木桩、白灰定点放线

知识链接：

1. 定点放线：在施工现场依据施工图，用合适的方法测定植物的种植位置，标出小灌木群植的范围。

2. 种植穴大小：一般种植穴(槽)大小应根据苗木根系、土球直径和土壤情况而定，应符合《园林绿化工程施工及验收规范》(DB11/T 212—2009)的规定。

3. 大规格树木栽植时，其种植穴应较土球直径大60～80cm，深度增加20～30cm。

注意事项：

种植穴定点放线的位置应准确，标记明显。

九、挖穴

1. 所需工具和材料

尖锹、镐、无纺布(或蒲包片)、皮尺、白灰(或白腻子粉)、手推车等。

2. 内容及步骤

(1)确定种植穴规格　种植穴直径为80cm，深度为60cm。

(2)种植穴形状及要求　呈圆柱状，上下口径一致，池壁上下垂直，池壁光滑(图1-1-9)。

图1-1-9　种植穴

(3)挖掘种植穴

①以国槐种植点为圆心，40cm 为半径，在地面上画圆圈，用白灰(或白腻子粉)做标记(用铁锹在地上画圈)。

②用尖锹沿着圆圈挖一圈，将圆的范围挖出后，再向内、向下垂直挖掘(图 1-1-10)。

③挖到规定的深度后，将穴底挖平，保持平底状。将底土刨松、耙细，并留一些松软土呈小土丘状在穴底。

图 1-1-10　向内、向下垂直挖穴

图 1-1-11　挖出的土壤集中堆放

④将挖出的土壤集中堆放在种植穴边缘的地面上(图 1-1-11)。表土和底土分开堆放，便于后期种植苗木时将表土填在底部。将砖头、瓦块等杂物集中堆放，之后运走。如果种植穴周围是草坪，则需要在堆放穴土的草坪上铺无纺布或蒲包片。

注意事项：

1. 种植穴不得挖成上大下小的圆锥形或锅底形，以免根系无法舒展或填土不实。

2. 种植穴周围的地面不可随意堆放工具、材料，防止落入穴(槽)内伤人。

知识链接：

1. 挖穴：又称刨坑，以所定的灰点或桩位为中心，沿四周向下挖土，坑的大小应根据苗木规格而定。

2. 如果种植穴周围为草坪地，则需要在草坪上铺设 2~3 块无纺布或蒲包片，将挖掘的土壤堆放在上面。

3. 如果局部土壤不良，可以采用扩大种植穴规格(扩抗)的方法挖掘种植穴。

4. 种植穴内的回填土应无直径大于2cm的渣砾，无沥青、混凝土及其他对植物生长有害的污染物。

知识拓展：

1. 设计交底：设计单位向施工单位技术交底。双方进行图纸会审，施工单位识读和审核设计图纸，了解设计意图、设计思想、质量和进度要求等。

2. 土壤改良：如果种植穴内土质不良，有碍植物的生长，对于含石粒、石块多但是仍然可用的，可经过过筛再适当填好土后使用。如果土壤含白灰、重盐碱等不适合植物生长的杂质和垃圾，则要完全换土以适合植物生长。在这种土质上挖掘种植穴时，需要扩大种植穴的直径和深度，俗称"扩坑"，以便种植苗木时尽量多地填入好土。

3. 在新填土方地区挖种植穴(槽)时，应将穴(槽)底部踏实；在斜坡地挖种植穴(槽)时，穴(槽)的上口以坡的下口计算，应先做成一个平台，采取鱼鳞坑和水平槽的方法(栽植后围成鱼鳞状树堰)。

十、种植

1. 所需工具和材料

剪枝剪、手锯、尖锹、镐等。

2. 内容及步骤

(1)种植前修剪　为统一5株国槐的分枝点，使树冠整齐一致，种植前可统一进行抹头处理。待长出新枝后再定形。

注意事项：

1. 修剪时剪口、锯口均应平滑无劈裂。

2. 修剪直径2cm以上的枝条时，剪口应涂抹防腐剂。

(2)散苗　将苗木按照设计图纸的要求，分别放置在挖好的种植穴内或种植穴边缘。裸根苗最好将根朝下置于坑内，带土球苗可放置在坑旁。

注意事项：

散苗时要轻拿轻放苗木，不得损伤树根和枝干。散苗速度与栽苗速度相适应，应边散边栽。

知识链接：

1."随起、随运、随栽"对苗木成活最有保障，可以缩短树根在空气中暴露的时间。条件允许时，尽量做到傍晚起苗、夜间运苗、早晨种植。

图 1-1-12　苗木入坑

2. 苗木种植前修剪的目的：①平衡树势，保证成活：使苗木在种植过程中达到地上部分与地下部分水分代谢相对平衡。②培养树势、树形：通过修剪可以使移植后的苗木形成理想的树冠形态。③减少病虫害：剪除带病虫害的枝条，可防病虫。④防止树木倒伏：通过修剪，减轻树冠重量，防止树木倒伏。

(3)入坑

①国槐入坑前，应先检查种植穴大小及深度，不符合根系要求时，修整种植穴。

②在种植穴底部填土，堆一个半圆形土堆。将苗木置于穴中央，保持直立，使根颈部略低于地表。若树干有弯曲，弯应朝向西北方向(迎风面)，使生长势好的一面朝向主要观赏面(图 1-1-12)。

(4)种植

①国槐入坑后，填入好土(图 1-1-13)。填至种植穴的一半时，将树干轻轻提起(图 1-1-14)，但不得错位，使根颈部位与地表相平，一方面使根系舒展，另一方面使根系与土壤密切接触，然后用脚踩实土壤(图 1-1-15)。

②填土到穴口处，再踩实或夯实(图 1-1-16)。

③填表土，至与地表平齐，使国槐种植深度与原土痕线持平。

图 1-1-13　填　土

图 1-1-14　提　苗

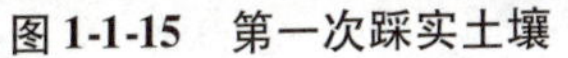

图 1-1-15　第一次踩实土壤

图 1-1-16　第二次踩实土壤

知识链接：

一般乔灌木的种植深度应与原种植线持平；个别快长、易生不定根的树种可较原土痕深 5~10cm；栽植常绿树时，土球上表面应高于地表 5cm；栽植竹类时，可比地表深 3~6cm。

知识拓展：

1. 种植行道树或行列种植时，树木应在一条线上，相邻植株规格应合理搭配，相邻高度不超过 50cm。

2. 遇有树弯时，主弯曲面方向应一致，在一条直线上的树木树干中心平面位置误差不得大于半个树干，行道树树木主干的主弯曲面应与道路走向平行。

3. 行列栽植时应事先栽好“标杆树”，即每隔 10 株或 20 株先栽好一株，然后以“标杆树”为瞄准依据，全面开展栽植工作。

4. 苗木种植定位时应选好主要观赏面，并照顾阴阳面朝向，一般树干的最大弯应尽量朝向迎风面。种植时要栽正扶直；树冠有主尖的树木，树冠主尖与根颈的连线应与地面保持垂直；树冠没有明显主尖的树木，应使树冠竖向中线与地面保持垂直。对特型、造型树则应根据造景需求而定，不必按树冠主尖与根颈的连线或树冠竖向中线与地面保持垂直来控制。

5. 主轴明显的落叶乔木种植前修剪：凡属具有中央领导干、主轴明显的树种(如银杏、杨树类)，应尽量保护主轴的顶芽，保证中央领导干直立生长，不可抹头。

6. 主轴不明显的落叶乔木种植前修剪：通过修剪控制与主枝竞争的侧枝，对侧枝进行重短截。为统一分枝点，使树冠整齐一致，可统一抹头栽植。

7. 落叶灌木种植前修剪：

(1)单干圆头型灌木：如榆叶梅类，应进行短截修剪，一般应保持树冠内高外低，呈半球形。

(2)丛生或地表多干型：如黄刺玫、连翘等灌木，以疏枝为主，短截为辅，多疏剪老枝，促进其更新。原则是外密内稀，以利于通风透光。

(3)只疏不截：如丁香大苗移植，为保证移植后当年还能开花而采取的措施。

8. 行道树主干高度应大于2.8m。

十一、栽后养护

1. 所需工具和材料

尖锹、木杆(或竹竿)、蒲包片(或无纺布、橡胶垫)、草绳(或麻绳)、浇水皮管(或水桶)、铁丝、钳子、钉耙、锄头等。

2. 内容及步骤

(1)围堰　苗木种植后，在略大于种植穴直径的周围筑成高15~20cm的圆形土堰(图1-1-17)。断面呈梯形，上底边10~20cm，下底边20~30cm。用铁锹将土堰拍打牢固，以防漏水。

(2)立支柱　用3根木杆(或竹竿)组成三角形，于树高1/2处立支柱。迎向西北方向支1根支柱，其余2根均匀分布。支柱下端埋入土中15~30cm，将土夯实。用草绳或麻绳将木杆(或竹竿)与树干绑扎在一起。绑扎时，树干与支柱之间应垫衬具有一定摩擦力和柔软度的蒲包片、草绳、绿无纺布、橡胶垫等软物，严禁支柱与树干直接接触，以免磨坏树皮。

图1-1-17　围堰

图1-1-18　浇透水

(3)浇水　浇3遍水。第一遍水在栽后24h内浇，要浇透水，使根系与土壤密切接触；3天内浇透第二遍水；10天内浇透第三遍水；浇3遍水后应及时封堰(图1-1-18)。

(4)扶直　第一遍水渗透后的次日，检查苗木是否有歪倒现象。如果有歪倒现象，及时扶直，并用细土将堰内缝隙填严，将苗木稳定好。

(5) 中耕、封堰

中耕：指浇3遍水后用耙、锄等工具将土堰内表土锄松，可切断土壤的毛细管，减少水分蒸发，有利于保墒。

封堰：浇完3遍水，待水分渗透后，用细土将灌水堰填平。封堰土堆放应稍高于地面。

注意事项：

1. 用于围堰的土壤应为细土、好土，不含石块、杂草、树枝等杂物。

2. 浇水时为防止因水流过急冲刷裸露根系或冲毁围堰，造成跑水，可在出水口处垫一块蒲包片，以放缓水流速度，避免水流直接冲刷根系和围堰。

3. 浇水后出现土壤沉陷致使苗木倾斜时，应及时扶正、培土。

4. 每次浇水应浇足浇透、见干见湿。

5. 浇灌水时应有专人看管。

知识链接：

1. 单株树木的围堰内径不小于种植穴直径，围堰高度不低于15cm。

2. 围堰灌溉常用于乔、灌木灌溉，即用胶管引水入树堰进行浇灌。

3. 透水：是指灌水分2~3次进行，每次都应灌满土堰，前次水完全渗透后再灌下一次水。

4. 秋季封堰，在树干基部堆成30cm高的土堆，有保墒、防寒、防风的作用。

十二、清理现场

1. 所需工具和材料

铁锹、扫帚、簸箕、垃圾袋、手推车、垃圾车等。

2. 内容及步骤

①将施工现场的枯枝败叶等各类垃圾集中成堆，清理运走。

②收集整理施工现场所有的工具、材料等，清理干净并分别归位。

知识拓展：立支柱

(1) 单支柱：用坚固的木杆或竹竿，斜立于下风方向，埋深30cm，支柱与树干之间先用麻绳或草绳隔开，然后用麻绳捆紧。对于小树，可在侧方埋一根较粗壮的木棍，作为依托。

(2) 双支柱：用支柱垂直立于树干两侧与树干平齐，支柱顶部捆一横担，用草绳将树干与横担捆紧。捆前先用草绳将树干与横担隔开，以免擦伤树皮。行道树立支柱不可影响交通。

(3) 四支柱：先用软垫材料护好支柱部位的树干，在树干上绑紧夹板。在夹板两侧斜向各绑2个支柱，柱角要牢。

任务二　种植土球苗木

【任务描述】

4月初，北京市某商务区新建小庭园绿地需要绿化。按照园林种植施工图，需要种植3株银杏，银杏规格为胸径7~9cm，生长健壮、无病虫害。物业公司根据设计图纸对苗木的要求，到北京市黄垡苗圃、大东流苗圃选苗，苗圃地土壤为普坚土。

【任务目标】

1. 掌握银杏土球苗选苗、掘苗、装车、运苗、卸车、种植、栽后养护的相关知识。

2. 学会掘苗、装车、运输、卸车等操作技能。

3. 学会土球苗木种植前修剪、入坑、种植、栽后养护等操作技能。

【任务流程】

选苗—掘苗及包装—装车—运苗—卸车—种植—栽后养护—清理现场

一、选苗

1. 选苗标准

①符合苗木规格要求(胸径7~9cm)。

②植株健壮，生长势好，无病虫害。

③根系发育好，树冠饱满，无损伤。

2. 选苗方法

按照以上选苗标准，对照各个苗圃的银杏苗木，从中优选出3株符合要求的银杏苗木。

3. 标记苗木

用系绳(草绳、尼龙绳、玻璃绳等)、涂色或标牌等方法，将绳、颜料或标牌等标记做在银杏生长势好、观赏性好的一面的树干或枝条上(图1-2-1)。

图1-2-1　标记苗木

注意事项：

1. 尽量选用苗圃的实生苗，少用扦插苗，不宜用野生苗。

2. 尽量选用本地苗木，少用外地苗木。若选用外地苗木，则必须提供检疫证。

3. 标记苗木的位置不宜过高或过低。

4. 做标记时，注意保护树干和枝条不受损伤。

二、掘苗及包装

1. 所需工具和材料

皮尺、白灰(或白腻子粉)、橡胶手套、尖锹、镐、手锯、剪枝剪、蒲包片、草绳、木杆、砖头等。

2. 内容及步骤

(1)确定银杏苗土球规格　银杏胸径为7~9cm，则银杏苗土球的直径为60~80cm，土球高为40~50cm，土球下底直径为20~25cm。

知识链接：

土球：挖掘苗木时，按一定规格切断根系，保留土壤呈圆球状并加以捆扎、包装的苗木根部。

土球规格应大于干径的8倍，土球高度为土球直径的2/3，土球底部直径为土球直径的1/3。土台上大下小，下部边长比上部边长小1/10。

(2)掘苗

①支撑：为保证树木和人员的安全，挖掘前用木杆于银杏树干高度2/3处做支撑，注意要绑扎牢固，不损伤树干(图1-2-2)。

图1-2-2　支撑苗木

②去表土：将树干周围的表土(也称宝盖土)挖去一层，深度以接近表土根系为准(图1-2-3)。

③画圈：以银杏树干为中心，45cm为半径(比规定土球直径大3~5cm)，在地上画一个圆圈，用白灰(或白腻子粉)做标记(用铁锹或佩戴橡胶手套的手在绿地上画圈)(图1-2-4)。

知识链接：

对于因分枝点低而影响掘苗的苗木，在挖掘前，需先用草绳将树冠下部围拢，其松紧度以不损伤树枝为宜。

④挖掘：顺着圆圈往外挖沟，沟宽60~80cm，深度以到土球所要求的高度为止。将挖出来的土壤集中堆放在周围(图1-2-5、图1-2-6)。

图 1-2-3　去表土

图 1-2-4　画　圈

图 1-2-5　用铁锹切出土球边缘

图 1-2-6　挖掘土球(铁锹面垂直于土球面)

⑤土球的修整：修整土球要用锋利的铁锹，遇到较粗的树根时应用手锯或剪枝剪切断，不要用铁锹硬扎，以防土球松散。当土球修整到 1/2 深度时，可逐步向里收底，直到缩小到土球直径的 1/3 为止，然后将土球表面修整平滑，下部修整出一个小平底即可(图 1-2-7、图 1-2-8)。

图 1-2-7　土球收底

图 1-2-8　修整土球

注意事项：

1. 在挖掘土球苗木之前，可以先用铁锹将圆圈的边缘切出来。

2. 挖掘土球苗木时，铁锹面需垂直于土球面，避免铁锹破坏土球。

3. 掘苗时，遇到粗根应用手锯锯断，锯口要平滑无劈裂且不得露出土球表面。

⑥草绳处理：提前将每一捆草绳用一截草绳打成“十字花”形捆牢，并用水浸湿(图 1-2-9、图 1-2-10)。

图 1-2-9　将草绳打“十字花”

图 1-2-10　浸湿草绳

(3) 土球的包装

①打包：先用蒲包片包裹土球，从中腰捆几道草绳将蒲包固定(图 1-2-11)。然后按顺时针方向纵向包装土球：先将浸湿的草绳一端拴在树干基部(图 1-2-12)，然后沿土球垂直方向稍成斜角(约 30°)向下缠绕草绳，兜底后再向上方树干方向缠绕。如此循环，按顺时针方向纵向包扎土球(图 1-2-13)。注意边缠草绳边用砖块或木板在土球棱角处轻砸草绳，使草绳缠绕得更加牢固。每道草绳间距为 8～10cm，土质疏松时则应加密。草绳应排匀理顺，避免互拧，土球外面结成网状。纵向包装完毕后，用草绳末端在树干基部密缠 15～20cm 打脖绳，用于吊装土球(图 1-2-14)。

知识链接：

1. 土球打包的方法有橘子包法、星包法等，在北方常用橘子包法。土球直径小于 40cm(含 40cm)的，用一道草绳捆一遍，称“单股单轴”；土球直径为 40～100cm(含 100cm)的，用一道草绳沿同一方向捆 2 遍，称“单股双轴”；土球直径

图 1-2-11　用蒲包片包裹土球

图 1-2-12　草绳一端固定

图 1-2-13　纵向包扎土球

图 1-2-14　打脖绳

超过 100cm 的，需用 2 道草绳捆 2 遍，称“双股双轴”。

2. 大规格树木，干径为 20～25cm 的可用软质包装，干径大于 25cm 的应采用箱板包装。

3. 蒲包片、草绳等软质包装材料使用前应用水浸泡。

②打腰绳：纵向草绳捆好后，在土球的腰部自下而上再横向密捆粗细大于 10mm 的草绳。操作时，一人缠绕草绳，另一人用砖块或木板拍打草绳使其拉紧，并以略嵌入土球为度。最后打腰花，用“N”字形上下将已打好的横向和纵向草绳穿起来系紧(图 1-2-15)。

③封底：打完包后，在坑的一边(树倒的方向)挖一条放倒树身的小纵向沟，顺沟轻轻将苗木推倒(图 1-2-16)，然后在土球底部垫蒲包片封底、捆牢。

图 1-2-15　打腰绳

图 1-2-16　土球封底

(4)填穴　待苗木运走后，将苗木的种植穴用土填平。

知识链接：

土球直径 1m 以上的应做封底处理，紧实无松动。用蒲包片将土球底部露土堵严，再用草绳对兜底的纵向草绳进行连接，在土球底部连接成五角形。

注意事项：

为保证土球不散，掘苗、包装全过程，不管土球大小，土球上严禁站人。

知识拓展：

1. 如果用箱板包装土球，掘苗前应立支柱，稳定牢固。

2. 用木箱包装时，修平的土台尺寸应大于边板长度 5cm，土台面平滑，不得有砖石或粗根等突出土台。

3. 土台顶边应高于边板上口 1～2cm，土台底边应低于边板下口 1～2cm。边板与土台应紧密严实。

4. 边板与边板、底板与边板、顶板与边板应钉装牢固无松动；箱板上端与坑壁、底板与坑底应支牢、稳定无松动。

三、装车

1. 所需工具和材料

粗麻绳、蒲包片、草绳、苫布、木杆或竹竿、汽车、吊车等。

2. 内容及步骤

①装车前检查土球是否完整、包装是否紧实、草绳是否松脱。

②吊装前，用吊装带捆在土球一侧的腰下部(约 2/5 处)，不允许吊树干。吊装带的两端从土球另一侧上部伸出，交叉控制树干。用吊钩钩住吊装带两头，先

试吊一下，检查有无问题，再正式吊装。

③装车时土球朝前，树梢向后，顺卧在车厢内，用蒲包片将土球垫稳并用粗绳将土球与车身捆牢，防止土球晃动。车厢内竖立用于交叉固定的木杆，将树干支撑住，防止树干晃动，并垫以蒲包片，防止磨损树干(图 1-2-17)。用苫布、草绳将土球盖严捆好，以防树根失水。

图 1-2-17　土球苗木装车

四、运苗

运输前检查运输线路，以确保车辆能够通行。运输过程中应有专人负责，特别注意保护银杏的顶枝不受损伤。经常检查苫布是否漏风。

知识链接：

1. 长途运输土球苗木时，应在植物上覆盖蒲包片，可往蒲包片上洒点水，使蒲包保持潮湿。休息时应选择阴凉之处停车，防止风吹日晒。

2. 苗木运输到现场后，如果不能立即栽植，应将苗木立直、支稳，进行假植。严禁苗木斜放或倒地。

五、卸车

使用吊车卸车。苗木运到现场后立即卸车，方法同装车。

知识拓展：

1. 规格较小的苗木可采用人工直接卸车；对人工能挪、抬，但直接卸车较困难的苗木，可用木质或钢质滑板等辅助工具将苗木从车上滑下来；对规格较大的苗木，一般采用吊车卸车。

2. 卸车时应爱护苗木，轻拿轻放，按顺序卸车，不可乱抽。土球苗卸车时不得提拉树干，更不能整车推下或用自卸车整车自卸。

3. 采用滑板辅助卸车时须有人工控制将苗木慢速滑下，严禁将苗木自行滑下车，不可滚动苗木土球。

4. 严禁用钢丝绳直接吊树干或土球；土球(木箱)苗一般应采用同时吊土球及树干并以土球(木箱)为主要着力点的两点吊卸法；裸根苗则根据苗木的大小采用两点或单点吊树干的吊卸方法，吊装带与树干之间应垫蒲包片或软垫，以免损伤树皮。

六、种植

1. 所需工具和材料

剪枝剪、手锯、钢卷尺、铁锹、吊车、木棍、木杆或竹竿等。

2. 内容及步骤

(1)种植前修剪　银杏是具有中央领导干的树种，主枝具有先端优势，修剪以疏枝为主。要保护主轴的顶芽，保证中央领导干直立生长，不可抹头。

(2)入坑

①银杏入坑前，先测量土球高度与种植穴的深度，若有差距，则填土或扩坑。保证种植深浅应合适，一般比原土痕高 5cm(图 1-2-18)。

②种植前，在种植穴底部回填部分肥沃壤土，并施入少量基肥，堆一个半圆形土堆，并踏实穴底松土(图 1-2-19、图 1-2-20)。

图 1-2-18　测量种植穴深度

图 1-2-19　肥沃壤土

图 1-2-20　穴底施基肥、壤土

③将银杏用吊车吊起来，树冠生长最丰满完好的一面朝向主要观赏方向，树弯迎风放置。尽量保持树身直立，入坑后要用木棍轻撬土球，将树干立直，上、下成一条直线，使土球顶面与地面平齐，土球表面与地表标高平齐，防止埋土过深对树根生长不利。在土球底部四周垫少量土，将土球加以固定(图1-2-21)。

图1-2-21 苗木入坑

(3)种植

①苗木入坑放稳后，先用木杆将树身支稳，再将包装剪开，可将蒲包片等易腐烂的包装物埋入坑底。

②分层填土，分层夯实，注意保护土球，不可损伤(图1-2-22、图1-2-23)。

图1-2-22 填 土

图1-2-23 夯 实

注意事项：

1. 装、卸车时，操作人员应佩戴安全帽，树下、吊杆下均严禁站人。

2. 树木吊放入坑时，树坑内不得站人。如需重新修整树坑，必须将苗木吊离树坑，不摘吊钩置于坑外地面上，操作人员方能入坑操作。

3. 栽植大树时，须人力定位的，操作人员应在坑边操作，不得在树坑内操作。

知识链接：

土球苗木假植：在栽植处附近选择合适地点将土球苗木码放整齐，土球四周培土，保持土球湿润、不失水。假植时间较长者，可遮苫布防风、防晒。树冠及土球喷水保湿。在雨季假植时，应防止被水浸泡散坨。

知识拓展：

1. 松类树种植前修剪：以疏枝为主，一是剪去每轮中过多主枝，留3~4个主枝；二是剪除上、下两层中的重叠枝及过密枝；三是剪除下垂枝及内膛斜生枝、枯枝、机械损伤枝等。

2. 种植木箱苗木，应先在坑内堆一个长方形土台(高20cm左右，宽30~80cm)；将苗木直立，拆去中间2~3块底板，用两根钢丝绳兜住底板，绳的两头扣在吊钩上，起吊入坑，置于土台上；苗木落稳并定位后，撤出钢丝绳，拆除底板后填土；苗木支稳后，拆除木箱上板及蒲包，坑内填土约1/3处时，拆除四边箱板，取出后分层填土夯实至地平。

七、栽后养护

1. 所需工具和材料

尖锹、木杆(或竹竿或纤绳)、蒲包片、无纺布、橡胶垫、草绳、粗麻绳、手锯、铁锤、活动或标准扳手、钢锯、浇水皮管(或水桶)、螺丝刀或喷头调整专用工具、5号或6号铁丝、钳子、手剪、胶皮管、手推车或三轮车、移动式喷头等。

2. 内容及步骤

(1)立支柱　用3根木杆(或竹竿)组成三角形，于树高1/2处立支柱。迎向西北方向支一根支柱，其余2根均匀分布。支柱下端埋入土中15~30cm，将土夯实。用草绳或麻绳将木杆(或竹竿)与树干绑扎在一起。绑扎时，树干与支柱之间垫衬具有一定摩擦力和柔软度的蒲包片、草绳、无纺布、橡胶垫等软物，严禁支柱与树干直接接触，以免磨坏树皮。软牵拉还可在纤绳上套胶皮管以起到衬垫的作用。

(2)围堰　同单元一任务一“十一、栽后养护”中的围堰。

(3)浇水　浇3遍水。第一遍水在栽后24h内浇，灌水量不可太大；3天内浇第二遍水，灌水量要适量；7~10天内浇第三遍水。浇完3遍水可以培土封堰。每次灌水时都要仔细检查，发现有漏水现象，则应填土塞严漏洞，并将所漏掉的水量补足。

知识链接：

常绿树支撑高度为树干高的2/3，落叶树支撑高度为树干高的1/2。

注意事项：

1. 纤绳上必须含有可调节松紧的装置。

2. 用铁丝拉纤或绑扎时，一定要注意所有的铁丝头均应背向人易接触到的方向，或藏在支撑材料之间的夹缝中，以免铁丝头刮伤或扎伤人。

3. 支撑物、牵拉物的强度应能够保证支撑有效；支撑物、牵拉物与地面连接点的连接应牢固；用软牵拉固定时，应设置警示标志。

知识拓展：

木箱苗及直径在1.8m以上的土球苗，应按木箱大小或土球大小与树穴的大小开双堰浇水，外堰在种植穴外缘15~20cm范围内，内堰略小于土台或土球直径。

八、清理现场

1. 所需工具和材料

铁锹、扫帚、簸箕、垃圾袋、手推车、垃圾车等。

2. 内容及步骤

①将施工现场的枯枝败叶等各类垃圾集中成堆，清理运走。

②收集整理施工现场所有的工具、材料等，清理干净并分别归位。

单元二
种植绿篱、色带、竹类植物

单元介绍

本单元主要介绍在正常季节种植绿篱、色带和竹类植物。绿篱是由灌木或小乔木以近距离的株行距密植，栽成单行或双行紧密结合的规则的种植形式，也称为植篱、生篱等。绿篱种植是按长度计算的。色带是指按照设计意图将不同颜色的植物栽植成一排或特定图形的种植形式。色带栽植是按面积计算的。竹类植物属禾本科竹亚科多年生木质化植物。竹亚科是一类再生性很强的植物，种类很多，种、变种、变型、栽培品种共计500余种，大多可供庭院观赏。

单元目标

通过在正常季节种植绿篱、色带和竹类植物，掌握种植前植物材料的准备、施工场地准备、种植施工、栽后养护的相关知识；熟悉苗木处理、整理绿化用地、种植、栽后养护等职业操作的标准和规范；培养质量、安全、成本、进度、合作意识，规范、严谨和文明施工的态度，以及爱护植物和吃苦耐劳的精神。

任务一　种植绿篱

【任务描述】

4 月初，北京市某商务区新建小庭园绿地需要绿化。按照园林种植施工图（图 2-1-1），种植 200m 长的规整式双行圆柏绿篱（株高 0.8m）。

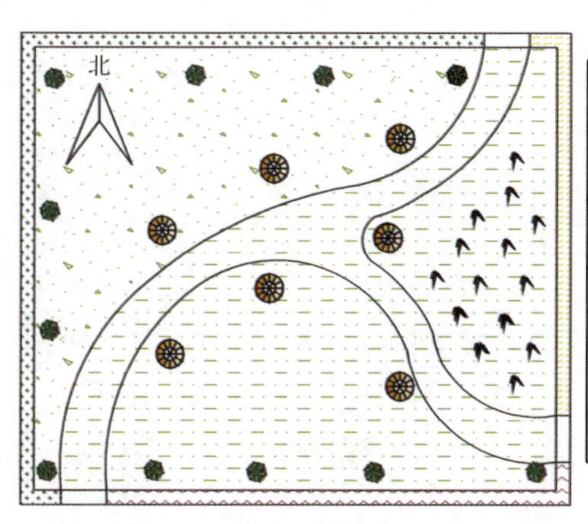

砾坚土　紫叶小檗绿篱　金叶女贞绿篱

建筑垃圾混合土　大叶黄杨绿篱　早园竹　槐　银杏

苗木表

植物名称	规格	单位	数量	备注
槐	胸径 5～6cm	株	5	
银杏	胸径 7～9cm	株	3	
圆柏	株高 0.8m	m	200	绿篱
金叶女贞	株高 0.5～0.6m	m^2	100	色块
紫叶小檗	株高 0.5～0.6m	m^2	100	色块
大叶黄杨	株高 0.5～0.6m	m^2	100	色块
早园竹	干径 2～4cm	根	1000	

图 2-1-1　小庭园绿地平面图

【任务目标】

1. 掌握双行圆柏绿篱种植及栽后养护的相关知识。
2. 学会双行绿篱种植的操作技能。

【任务流程】

选苗—掘苗—定点放线—挖掘种植槽—种植—栽后养护—清理现场

一、选苗

1. 选苗标准

从圆柏苗木中选择大小和高矮规格都统一、生长势健壮、枝叶浓密的苗木，以备用。

2. 选苗方法

按照以上选苗标准，对照各个苗圃的圆柏苗木，从中优选出符合要求的苗木1100株(按5株/m^2计算，并预留出10%，则需要1100株)。

二、掘苗

1. 所需工具和材料

浇水皮管、橡胶手套、尖锹、镐、无纺布等。

2. 内容及步骤

掘苗前3天浇水，保证土壤水分充足，掘苗时土球不散。用铁锹起苗，苗木尽量多带土。起苗后用可降解无纺布紧密包裹。并对苗木进行去除枯枝、断枝、败叶等简单处理。

三、定点放线

本任务是种植成行圆柏绿篱，所以需要对绿篱的种植槽边界进行定点放线。

1. 所需仪器和工具

经纬仪、花杆、比例尺、皮尺、线绳、小木桩(或白灰)、小桶、橡胶手套、铁锹等。

2. 方法及步骤——距离交会法

①确定小庭园边界线为参照物。

②用距离交会法确定绿篱种植槽4个角点的位置，将相邻各个角点连接起来即为种植槽挖掘线。

③用白灰标记种植槽挖掘线位置。

④在种植槽中放入已标明植物名称的木桩。

注意事项：

种植槽定点放线的位置应准确，标记明显。

四、挖掘种植槽

1. 所需工具和材料

尖锹、镐、无纺布(或蒲包片)、手推车等。

2. 内容及步骤

(1)确定种植槽挖掘深度　圆柏绿篱的种植槽呈长方形，长200m，宽40cm，深度一般为40cm左右。池壁上下垂直、光滑(图2-1-2)。

(2)挖掘方法　同单元一任务一“九、挖穴”。

注意事项：

种植槽周围的地面不可随意堆放工具、材料，以免其落入穴(槽)内伤人。

五、种植

1. 所需工具和材料

剪枝剪、铁锹等。

2. 内容及步骤

①采取双行绿篱三角形(即“品”字形)种植方式，株距20cm左右。

②将圆柏土球包装物拆除，将苗木在种植槽中按“品”字形一株株摆好，保证株行距均匀。树形丰满的一面向外，按苗木高度和冠幅大小均匀搭配(图2-1-3)。掌握好种植深度，土球要与地面持平。

图2-1-2　绿篱种植槽

图2-1-3　摆放绿篱苗木

③逐排填土，在根部均匀地覆盖细土，并用锹把压实，土球间切勿漏空。及时检查，发现有歪斜的苗木就要扶正。

知识链接：

绿篱边缘应栽植冠形饱满的苗木。宜由一端向另一端退植或由中心向外顺序退植。坡地种植时应由坡上向坡下种植。

六、栽后养护

1. 所需工具和材料

铁锹、浇水皮管、细铁丝、钳子、皮尺、竹竿、细线、剪枝剪、绿篱剪等。

2. 内容及步骤

(1)围堰及浇水　在种植槽四周用细土做成直线形围堰，以便于拦水(图2-1-4)。土堰做好后，浇灌定根水，要一次浇透。3天内浇透第二遍水。10天内浇透第三遍水(图2-1-5)。

图 2-1-4　做围堰

图 2-1-5　浇　水

(2)定型修剪　定型修剪是规整式绿篱栽好后要进行的一道工序。种植后可以先对冠部进行粗修剪。在浇完第二遍水并扶直苗木后，再进行细整形。

①修剪前，在绿篱一侧按一定间距立起标志修剪高度(0.8m)的一排竹竿，竹竿与竹竿之间可以连上长线，作为绿篱修剪的高度线。

②绿篱横断面修剪：用绿篱剪按照修剪高度线的高度修剪绿篱的横断面，剪成呈长方形的水平面，平面与地面水平。

③绿篱纵断面修剪：按照设计要求，圆柏绿篱的纵断面形状为直线形。用绿篱剪按照要求进行修剪。

知识链接：

绿篱、色块(带)及其他需造型修剪的苗木修剪：苗木冠部可在栽植后立即进行粗修剪，但细整形或细造型宜在浇完第二遍水并扶直后进行。

七、清理现场

1. 所需工具和材料

铁锹、扫帚、簸箕、垃圾袋、手推车、垃圾车等。

2. 内容及步骤

①将施工现场的枯枝败叶等各类垃圾集中成堆，清理运走。

②收集整理施工现场所有的工具、材料等，清理干净并分别归位。

任务二　种植色带

【任务描述】

4 月初，北京市某商务区新建小庭园绿地需要绿化。按照园林种植施工图（图 2-2-1），种植长 200m、宽 1.5m 的色带（株高 0.5～0.6m）。该色带由金叶女贞、紫叶小檗、大叶黄杨 3 条等量色带组成。

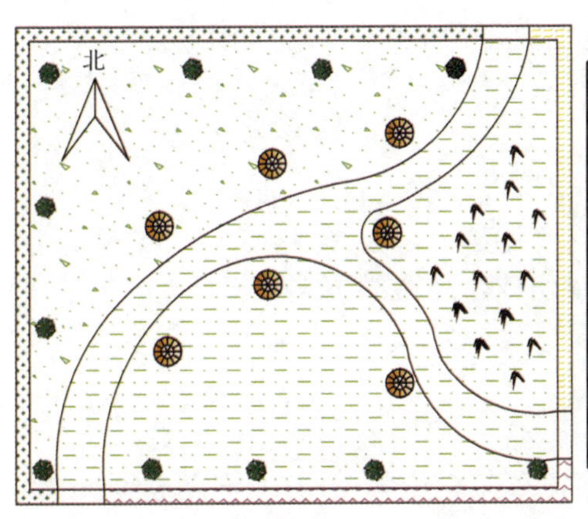

图 2-2-1　小庭园绿地平面图

苗木表

植物名称	规格	单位	数量	备注
槐	胸径 5～6cm	株	5	
银杏	胸径 7～9cm	株	3	
圆柏	株高 0.8m	m	200	绿篱
金叶女贞	株高 0.5～0.6m	m^2	100	色块
紫叶小檗	株高 0.5～0.6m	m^2	100	色块
大叶黄杨	株高 0.5～0.6m	m^2	100	色块
早园竹	干径 2～4cm	根	1000	

【任务目标】

1. 掌握色带种植及栽后养护的相关知识。
2. 学会色带种植及栽后养护等操作技能。

【任务流程】

选苗—掘苗—运苗—挖掘种植槽—种植—栽后养护—清理现场

一、选苗

1. 选苗标准

①符合上述 3 种色带苗木的规格要求（比修剪后的高度高出 0.1m，即株高 0.6～0.7m）。

②生长健壮，根系发达，无病虫害。

2. 选苗方法

按照以上选苗标准，对照各个苗圃的3种苗木，从中优选出符合要求的3种苗木各1760株(按16株/m^2计算，并预留出10%，则需要1760株)。

二、掘苗

1. 所需工具和材料

浇水皮管、橡胶手套、尖锹、镐、无纺布等。

2. 内容及步骤

掘苗前3天浇水，保证土壤水分充足，掘苗时土球不散。用铁锹起苗，苗木尽量多带土。起苗后采用可降解无纺布紧密包裹，并对苗木进行去除枯枝、断枝、败叶等简单处理。

三、运输

装车和卸车时均应轻拿轻放(不可损伤枝叶)分层摆放。

四、挖掘种植槽

1. 定点放线

按种植施工图进行定点放线，方法见单元二任务一"三、定点放线"。需要注意的是，本任务的色带形状为"S"形，所以定点时首先确定"S"形上各个拐点的位置，然后用平滑曲线将各个拐点连接起来即可。同时要将3条色带的种植边界线全部画出。

2. 挖掘种植槽

挖掘种植槽，具体方法见单元二任务一"四、挖掘种植槽"。

注意事项:

如果色带宽度较大，为方便后期进入色带中进行浇水、修剪等养护工作，有必要将色带种植宽度加大，以便在两条色带之间预留出能容纳一人进出的通道。

五、种植

1. 所需工具和材料

铁锹、剪枝剪等。

2. 内容及步骤

按照设计图纸要求，3条色带由后向前的顺序是大叶黄杨—紫叶小檗—金叶女贞，经修剪后形成后高前低的观赏面，因此，种植时应由后向前种植，即按照大叶黄杨—紫叶小檗—金叶女贞的顺序种植。种植每一种色带时由一端向另一端退植或者由中心向外顺序退植。

①将苗木按高度和冠幅大小均匀搭配，树形丰满的一面向外。

②将苗木土球包装物拆除。在种植槽中，将苗木按照三角形或者矩形的排列方式一株株摆好，保证株行距均匀。

③将苗木扶正，确定位置后，逐排填土、踩实。掌握好种植深度，土球要与地面持平。土球间切勿漏空，及时检查，发现有歪斜的苗木要及时扶正。种植密度不宜太密，要预留出苗木生长的空间。边栽边修剪掉损伤的枝条、根系。种植后在色带周边做围堰，比地面高 15cm。

注意事项：

1. 苗木的株行距应均匀。

2. 苗木冠形丰满的一面应向外种植，或者冠形丰满的苗木应种植在色带外缘，并按苗木高度、冠幅大小均匀搭配。

3. 如果色带宽度较大，则在每条色带的周边均应做围堰。

六、栽后养护

1. 所需工具和材料

铁锹、蒲包片、带喷头的浇水皮管、铁丝、钳子、竹竿或木杆、细绳、绿篱剪、剪枝剪、手锯等。

2. 内容及步骤

(1) 浇水　种植后浇 3 遍水。种植后马上浇足第一次水，浇水后需要仔细观察，保障每株苗木都能被浇到水、浇透水。浇水后第二天将歪斜的苗木扶直。3 天内浇第二遍水，10 天内浇第三遍水。

(2) 修剪

①种植后按照后高前低的原则对色带横断面进行粗修剪，高度不得低于 0.6m。在浇完第二遍水并扶直苗木后，再进行细整形。

②按修剪高度在色带 4 个角上钉 4 根木桩，在后面 2 根木桩之间按一定间距立起若干木桩，在各木桩高 0.6m 处用细绳打线连接起来，作为色带背立面修剪的高度线；在前面 2 根木桩之间按一定间距立起若干木桩，在各木桩高 0.5m 处用细绳打线连接起来，作为色带正立面修剪的高度线。

③用绿篱剪沿着后高前低的坡度进行修剪，修剪后形成具有一定坡度的单面观色带。正立面和两侧面修剪时先轻剪，按照细修面的原则做到修剪后横平竖直。

注意事项：

修剪过程中要经常把线绳拉起再自然放回，以防止线绳藏于苗木中造成线形跑偏。

知识拓展：

1. 绿篱、色带(色块)、花卉、地被等成带、成块种植时，宜由一端向另一端退植或由中心向外顺序退植；坡地种植时，应由坡上向坡下种植。

2. 模纹色带(色块)、模纹花坛应先栽植出图案的轮廓线，后种植内部填充部分；高矮不同的苗木、花卉组合栽植时，应先高后矮。

七、清理现场

1. 所需工具和材料

铁锹、扫帚、簸箕、垃圾袋、手推车、垃圾车等。

2. 内容及步骤

①将施工现场的枯枝败叶等各类垃圾集中成堆，清理运走。

②收集整理施工现场所有的工具、材料等，清理干净并分别归位。

任务三　种植竹类

【任务描述】

4 月初，北京市某城市公园绿地需要绿化。按照园林种植施工图(图 2-3-1)，种植面积 $200m^2$ 的自然式早园竹的竹林(早园竹干径 2~4cm)。

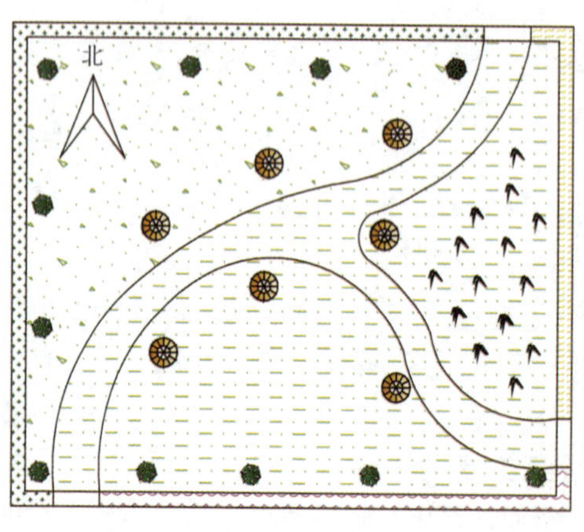

苗木表

植物名称	规格	单位	数量	备注
槐	胸径 5~6cm	株	5	
银杏	胸径 7~9cm	株	3	
圆柏	株高 0.8m	m	200	绿篱
金叶女贞	株高 0.5~0.6m	m^2	100	色块
紫叶小檗	株高 0.5~0.6m	m^2	100	色块
大叶黄杨	株高 0.5~0.6m	m^2	100	色块
早园竹	干径 2~4cm	根	1000	

图 2-3-1　小庭园绿地平面图

【任务目标】

1. 掌握早园竹种植及栽后养护的相关知识。

2. 学会早园竹种植及栽后养护等操作技能。

【任务流程】

选苗—掘苗—运苗—整地—定点放线—挖穴—种植—栽后养护—清理现场

一、选苗

选择生长旺盛、分枝节点低、无病虫害的竹株。竹鞭外表鲜嫩，呈嫩黄色，鞭芽饱满新鲜。若竹鞭太幼嫩，容易折断或损伤；若为老龄竹，竹鞭较老，则发笋能力弱，成林缓慢。

二、掘苗

1. 所需工具和材料

铁锹、剪枝剪、手锯等。

2. 内容及步骤

①先在要挖的母竹周围轻挖、浅挖，找出竹鞭。分清来鞭和去鞭，按一定长度截断，然后沿竹鞭两侧逐渐深挖，掘出母竹(图 2-3-2)。

②竹鞭截面要光滑，竹鞭要带 3~5 个壮芽，截断竹鞭后，先挖松竹鞭两侧的泥土，保护根的完整性，再将竹鞭、根和母竹一起挖出。

③对来鞭、去鞭、鞭芽要妥善保护。早园竹的母竹留枝 4~5 盘，砍去顶梢，切口要平滑，目的是控制母株蒸腾量(如果为了保持景观，又有喷水保温的养护条件，也可以不进行打尖修剪)。如果竹丛株数太多，可剪去一些细弱竹子，留 3~5 株即可。挖出来的母竹，切勿摇动竹秆，以免损伤“螺丝钉”(图 2-3-3)。

图 2-3-2　掘　苗

图 2-3-3　挖出来的母竹

注意事项：

掘苗要在雨后或浇水后进行，使土壤湿润疏松，以便于挖掘和多带宿土。

知识链接：

1. 来鞭和去鞭：竹鞭分为来鞭和去鞭，对于一根立竹来说，竹鞭上的芽指向的方向就是来鞭，预示着竹鞭的行走方向及未来竹子的产生方向；芽背对的方向就是去鞭。可以根据来鞭和去鞭结合周围的环境进行竹子的种植。

2. 螺丝钉：竹秆是竹子的主体，分为秆柄、秆基和秆3个部分。秆柄是竹秆最下端的部分，与竹鞭或母竹的秆基相连，细小、短缩，不生根，由数节至十数节组成，俗称“螺丝钉”，是竹子地上部分和地下部分连接疏导的枢纽。

三、运苗

轻拿轻放，轻抬坨，以免损伤“螺丝钉”。

四、整地

1. 所需工具和材料

铁锹、镐、耙子、手推车等。

2. 内容及步骤

①种植场地要进行全面的翻耕。翻土时，将表土翻入底层，有利于有机物质的分解；将底层土翻到表层，有利于土壤的熟化。

②清理土中的杂物，除去土中的石块、粗的树根和建筑垃圾等。

③进行土地平整，以利于灌溉和排水。

五、定点放线

根据设计图纸用测量仪器和工具量好实际距离，并用白灰画出或用线绳拉出要种植的范围即可。

六、挖穴

1. 所需工具和材料

铁锹、镐、皮尺等。

2. 内容及步骤

在种植范围内挖掘种植穴。种植穴的密度和规格根据不同的竹种、竹苗规格和工程要求具体而定。在园林绿化工程上，一般中小径竹每平方米可植3~4株，株行距50~60cm，种植穴的规格为直径40cm左右，深度30~40cm。本任务为种植早园竹小竹林，所以按以上规格挖掘早园竹种植穴。

七、种植

1. 所需工具和材料

铁锹、镐、剪枝剪、手锯等。

2. 内容及步骤

母竹运到后，应立即栽植。

①在挖好的种植穴内，先用表土垫底(有条件时可将腐熟的肥料垫在最底层)，一般厚10~15cm。

②母竹入穴前，对部分秆和竹叶进行适当修剪。

③将母竹小心地放入穴中，使鞭根舒展。先填表土，后填新土(除去土中石块、树根等)，踏实，使竹鞭与土壤紧密接触。覆土深度比母竹原来入土部分深3~5cm，上部培成馒头形(图2-3-4、图2-3-5)。

④周围开好排水沟，以免积水泡烂竹鞭。

图2-3-4 放入母竹

图2-3-5 填 土

八、栽后养护

1. 所需工具和材料

木杆或竹竿、铁锹、镐、浇水皮管、细铁丝、剪枝剪、手锯、花铲、锄头、耙子、手推车等。

2. 内容及步骤

(1) *支撑* 若母竹过于高大，又位于挡风的地方，栽植后要设立支架。遇有露根露鞭、母竹歪斜或根际摇动，要及时培土填盖(图2-3-6)。

图2-3-6 支 撑

(2)浇水　如遇土壤干旱或久晴不雨，必须及时浇水。尤其是南竹北移时，北方春季一般雨量较少，空气干燥，更要及时浇水保湿。

(3)锄草、松土、施肥　结合锄草、松土可以进行施肥，以节省用工。每年要施2次肥。首次以厩肥、土杂肥等有机肥为主，在8月左右，以提高孕笋率；第二次以化肥为主，在次年3月，追施氮、磷各半的速效肥，以补充竹子对营养物质的消耗。

(4)调整合理的竹林结构　一是要疏笋、护笋，每株母竹以保留2~3个健壮笋为宜。一般出笋末期的竹笋难以成竹，成为退笋，应及时挖除。二是要调整竹龄，按照“留三看四砍五”和“砍劣留优、砍小留大、砍密留稀”的原则，合理采伐，保证一、二、三年生竹各占25%，四年生竹占20%，五年生竹仅占5%。

(5)竹株的枝叶修整　通过调整旱园竹枝叶的高低疏密、树冠的大小和形状以达到美观的目的。一是要按照上述原则调整竹龄，合理修剪；二是要去除病竹和长势较弱的竹子，可以提高出笋率，保证竹林观赏效果。

九、清理现场

1. 所需工具和材料

铁锹、扫帚、簸箕、垃圾袋、手推车、垃圾车等。

2. 内容及步骤

①将施工现场的枯枝败叶等各类垃圾集中成堆，清理运走。

②收集整理施工现场所有的工具、材料等，清理干净并分别归位。

单元三
种植草坪、地被植物、攀缘植物

单元介绍

本单元主要介绍在正常季节种植草坪、地被植物和攀缘植物。草坪是指经多年生低矮草本植物由天然形成或人工建植后经养护管理而形成的相对均匀、平整的草地植被，起到保护环境、美化环境的作用，也为人们提供休闲、娱乐和体育活动的舒适场地。草坪是由草坪植物的地上部分以及根系和表土层构成的整体。地被植物是指某些具有一定观赏价值，铺设于大面积裸露平地或坡地，或适于阴湿林下和林间隙地等各种环境，覆盖地面的多年生草本和低矮丛生、枝叶密集或偃伏性、半蔓性的灌木以及藤本植物。草坪是人们最为熟悉的地被植物，通常另列为一类。攀缘植物是指自身不能直立生长，需要依附他物或匍匐地面生长的木本或草本植物，根据其习性可以分为 4 种类型：缠绕类、卷须类、吸附类、蔓生类。

单元目标

通过完成草坪、地被植物和攀缘植物种植施工过程，掌握种植前植物材料的准备、施工场地准备、种植施工过程、栽后养护的相关知识；熟悉苗木处理、整理绿化用地、种植、栽后养护等职业操作的标准和规范；培养质量、安全、成本、进度、合作意识，规范、严谨和文明施工的态度，以及爱护植物和吃苦耐劳的精神。

任务一　播种种植

【任务描述】

4 月初，北京市某商务区新建小庭园绿地需要绿化。按照园林种植施工图要求，播种种植 1000m^2 的野花组合，排水坡度 1%，施工现场土壤为普坚土。已按设计图纸要求选好各类一、二年生花卉和宿根花卉，并已运至施工现场。

【任务目标】

1. 掌握播种野花组合的准备工作、种植、栽后养护等相关知识。

2. 学会野花组合种植前地形整理、土壤改良，以及播种种植和栽后养护管理等操作技能。

【任务流程】

整理地形—改良土壤—播种种植—镇压覆盖—栽后养护管理—清理现场

知识链接：

野花组合是以禾本科草本植物为主，配以部分观花的草本植物组成的观赏草坪。野花组合在国内通常被称为缀花草坪。它由多种一、二年生和多年生花卉种子混合种植而成，其大多数的一年生野花具有结实自播的能力，多年生野花可维持 3~5 年无需重新播种。野花组合中应用的植物材料非常丰富，形态各异、色彩丰富，花期和株高各异。北方地区可供选择的植物材料有：波斯菊、百日草、孔雀草、石竹、虞美人、大花金鸡菊、矢车菊、硫华菊、紫松果菊、蛇目菊等。可根据不同的需求组合进行特色的配比设计，如耐阴组合、耐寒组合等。

一、整理地形

1. 所需工具和材料

尖锹、镐、手推车、浇水皮管、齿距 4~5cm 的平耙等。

2. 内容及步骤

(1) 清理地表　清理场地内的杂草、树根、草根、石块、枯枝、落叶等，树根和草根尽量连根刨除。

(2) 灌水　翻地前灌水，注意灌水量不要太多，浸润 20~50cm 土层厚度即可，以增加土壤墒情，有利于播种后种子发芽和生长。

(3) 翻地　在天气晴朗的情况下，灌水后一般过 1~2 天即可翻耕。一般翻地深度应保证不低于20cm土层。

(4)平整土地　翻地之后要及时平整土地。用平耙将砖头、石块、树根等杂物搂出，并调整排水坡度，为播种做好准备。

二、改良土壤

1. 所需工具和材料

尖锹、手推车、齿距4~5cm的平耙、镇压机等。

2. 内容及步骤

掺加少量草炭土对现场土质进行改良，翻土15cm深作为种植层。在改良土壤时加入少量的缓释肥，确保提供植物正常生长发育所需要的营养条件，铺好后用镇压机压实。种植层铺设完成后，再次检查各点的标高是否符合设计标高。播种前应先浇水浸地，保持土壤湿润，并将表层土搂细耙平。

三、播种种植

1. 所需工具和材料

花卉种子、细沙、台秤、手推车、平耙、气旋式播种机等。

2. 内容及步骤

播种方式依据种植面积的大小而定，一般采用人工散播或气旋式播种机播种。

人工播种前，根据现场地形进行分块，先计算好每块地的播种量，然后根据不同组合类型的播种量称量出相应的种子。一般每平方米播种量为3g，此任务播种面积为1000m^2，种子用量为3300g左右(预留出10%以备误差)，并混入2~3倍湿细沙，即可播种。

人工撒播，为了保证播种的均匀性，每块面积最好控制在200m^{2}以内，并分2次在规定面积内均匀撒播完。播种后用耙子轻轻梳理一遍播好的区域，保证大部分种子与土壤接触，均匀覆盖细土0.3~0.5cm后轻压。

气旋式播种机适于面积大的情况下采用，为了保证播种的均匀性，每块面积控制在667m^{2}以内为好。

四、镇压覆盖

1. 所需工具和材料

镇压机、无纺布、带喷头的浇水皮管、“U”形卡扣等。

2. 内容及步骤

用镇压机将现场轻轻地镇压平整之后，覆盖无纺布后浇水，无纺布边缘利用“U”形卡扣固定。一般7~10天，种子萌发后即可撤除无纺布。

注意事项：

种子发芽前主要以喷头喷水为主，并保证10cm的土层湿润。

五、栽后养护管理

1. 所需工具和材料

带喷头的浇水皮管、塑料薄膜、有机肥、花铲等。

2. 内容及步骤

(1) 灌溉　播种后及时喷灌，保持土壤湿润。播种后3~6周内保持土壤充分湿润。在这段时间内，每天喷淋1~2次水，保持10cm左右的土层潮湿，绝对不可中途停止浇水。随着小苗的生长，逐渐减少灌溉水量。

知识链接：

在没有灌溉条件的地方，应利用雨季实时播种。在极度干旱的情况下，可以考虑采用薄膜覆盖或尽量满足发芽需要的底线湿度，以保证达到理想的景观效果。

(2) 施肥　在种植前可施用复合肥或完全腐熟的有机肥，但一定要避免过量。在生长过程中，一般不必追肥。

(3) 杂草控制　在播种后20天左右苗子出齐后，即可开始拔除杂草。视面积大小和人工条件，一般播后20天进行第一次除草，播后40天进行第二次除草，一般除草2~3次就可以控制杂草长势。一旦杂草能被分辨出来，应立即除去。

(4) 修剪　根据实际情况，一般全年进行1~2次修剪工作。

第一次修剪在花后。对于花后严重影响美观效果的种类要及时进行此项工作，如二月蓝，其残花观赏性差。但是这类花卉最好等到6月底种子成熟后再清理为宜，因为种子落地后正好进入雨季，当年会自播，这样来年开春可以继续开花。正常的野花组合盛花期一般为2~3个月，盛花过后要去除残花。

第二次修剪在入冬前。平均气温低于10℃以后，大部分花卉均逐渐枯萎，此时可进行第二次修剪，摘除地上部分枯萎的枝叶。此次修剪的目的：一是防止在冬季病残枝叶发生火灾；二是美观；三是便于冬季浇冻水，以及来年开春浇返青水。

六、清理现场

1. 所需工具和材料

铁锹、扫帚、簸箕、垃圾袋、手推车、垃圾车等。

2. 内容及步骤

①将施工现场的枯枝败叶等各类垃圾集中成堆，清理运走。

②收集整理施工现场所有的工具、材料等，清理干净并分别归位。

任务二　铺植草坪

【任务描述】

4 月中旬，北京市某城市公园绿地需要绿化。按照园林种植施工图，种植面积 500m^2的冷季型草坪——草地早熟禾。

【任务目标】

1. 掌握铺植草坪及铺草后养护的相关知识。
2. 学会草坪的铺植及养护的操作技能。

【任务流程】

选草坪草—起、运草坪草—准备坪床—定点放线—铺植草坪—草坪养护—清理现场

一、选草坪草

草坪草种选择当年生长健壮、密度适合、覆盖率高（ >98%）、生长均匀、高度整齐一致、色泽好、适宜建植地生长的草地早熟禾。

知识链接：

草块、草皮卷应规格一致，品种统一，边缘平直，杂草不得超过 1%。草块土层厚度不得低于 3cm，草皮卷土层厚度不得低于 2cm。

二、起、运草坪草

为便于起草皮，在起之前要保持土壤湿润，所以在起草皮之前 24h 对草坪进行修剪、喷水和镇压等工作。起草皮时带土的厚度要尽量薄，一是能减少土壤损失，二是草皮重量较轻，便于搬动。草皮卷的长度及宽度至少应各为 20cm，草

叶的长度应在5~10cm，草皮厚度应在3cm以上。

挖取、运送草皮卷时均应小心，以免草皮遭受损坏。在移植时，应避免附着于草皮上的土壤脱落、破碎或分离。草皮在运输过程中应附有足量的土壤，并应洒水保持湿润，不得直接暴晒于日光下。

草皮很不耐贮存，在高温下会很快腐烂，因此当草皮卷运输到施工现场后应尽快将其铺上。后面用到的草皮卷应存放在阴凉处，以防止草坪草干枯和变热。如果草皮卷看起来很干，应该适当喷淋些水。草皮卷存放不得超过72h。

三、准备坪床

1. 所需工具和材料

铁锹、钉耙、磙子、镐、手推车、浇水皮管、旋耕机、喷灌设施、排水管道及管件等。

2. 内容及步骤

坪床的准备工作是草坪建植中比较关键的一个环节。

①清除施工现场地面上影响草坪施工和生长的砖头、瓦砾、石块、树根、杂草等杂物。保障施工现场"三通一平"。

②进行地形的粗整理，即按图纸的地形标高大致做出地形，平整地块，填平坑洼处。

③为了给草坪创造良好的生长条件，须翻耕土壤。土壤翻耕的深度不得低于40cm，用钉耙把土块打碎，将土壤中的砖石、瓦砾、草根、树根等杂物清理干净。为了提高土壤肥力，要施入一些有机肥料作基肥。将肥料粉碎后，通过耙或旋耕等方式将肥料与翻耕的土壤搅拌均匀，翻入土中(一般每667m^{2}施有机肥12~15kg)。

④在园林绿化中，常常设计一些微地形，利用自然坡地排水。按地形设计要求平整场地，用碾子轻轻碾压一遍。注意保留2%的排水坡度，以利于草坪排水。

⑤平整后灌水，让土壤沉降，如此时发现有积水处需填平，并保证铺草皮时坪床潮而不湿。草坪边缘应设计好排水沟。因特殊需要需建平坦的草坪时，应设计地下排水管道。为了提高工作效率和绿地养护水平，园林工程中还可以设置自动喷灌系统。

知识链接：

1."三通一平"：水通、路通、电通、现场平整。

2. 积水是草坪生长最大的障碍，容易引起草坪病虫害的发生和草坪的死亡。

四、定点放线

根据设计图纸用测量仪器或工具量好实际距离，并用白灰画出(或用线绳拉出)要建植草坪的范围即可。

五、铺植草坪

1. 所需工具和材料

水管、木板、细土、镇压机等。

2. 内容及步骤

冷季型草的生长最适温度为15~25℃，因此，建植冷季型草坪时间最好在初春和秋季，此时的温度适宜冷季型草生长，成活率高。

①在铺植草坪前24h，必须通透灌水一次，因为铺上草皮卷后就很难灌溉到深层土壤。如果没有灌溉好，那么接触草皮的土层就会从草皮卷中吸走全部水分。

②铺植草坪要随起随铺(图3-2-1)，不要长时间存放或隔夜放置草坪草。草皮卷应手工铺设，并自铺植草皮卷区域的底侧开始，向上坡方向铺设。

图3-2-1　起草皮卷

③铺植时将草皮卷牢牢压入坪床，压紧、压实，使其与土壤密切接触，这样易于成活。相连的草皮卷之间要留0.5~1.0cm的间隔，以防草坪在运输途中边缘失水干缩，而栽后遇水浸泡后膨胀，形成边缘重叠。草块之间的缝隙用木板拍实后进行碾压，使草根紧密附着在土壤上。铺植时如果发现坪床凹凸不平，要随时找平，找平后及时进行碾压。最后用筛过的细土覆盖草坪，使一半草叶埋在土中(图3-2-2)。如果草坪与土壤的接触足够紧密，草坪会比较容易扎根，所以轻轻碾压有利于草坪扎根。但碾子不能太重，而且碾压应该在铺完后浇水前进行。

图3-2-2　铺草皮卷

知识链接：

1. 铺设草皮卷、草块应相互衔接，高度一致。
2. 铺设草皮卷、草块，均应及时浇水，浸湿土厚度应达到10cm。

六、草坪养护

1. 所需工具和材料

铁锹、镇压机、浇水皮管等。

2. 内容及步骤

灌溉是获得良好草坪铺植效果的保障，所以必须在铺植和磙压后马上浇水。浇水后检查，如有漏空或低洼处，填土找平。一般浇水3~5天后再次磙压，以促进草皮卷与土壤的密切结合以及提高草块之间的平整度。因为草坪需要足够的时间恢复生长，新铺草坪在2~3周内应避免践踏。

七、清理现场

1. 所需工具和材料

铁锹、扫帚、簸箕、垃圾袋、手推车、垃圾车等。

2. 内容及步骤

①将施工现场的枯枝败叶等各类垃圾集中成堆，清理运走。

②收集整理施工现场所有的工具、材料等，清理干净并分别归位。

任务三　分栽种植

【任务描述】

4月上旬，北京市某城市公园绿地的林缘需要绿化。按照园林种植施工图，需种植$100m^2$麦冬。

【任务目标】

1. 掌握分栽种植及种植后养护的相关知识。
2. 学会分栽种植及种植后养护的操作技能。

【任务流程】

选苗—分苗—整地—定点放线—分栽种植—栽后养护—清理现场

一、选苗

在收获麦冬时，选取颜色深绿而健壮的宽短叶匍匐型麦冬或直立型麦冬植株作为种苗，精选后备用。

知识链接：

分栽植物应选择适应性强、病虫害少的品种。时令草花应选择花期长、色泽鲜艳、生长健壮的植株。

二、分苗

1. 所需工具和材料

剪枝剪、铁锹等。

2. 内容及步骤

清明前后将麦冬老株挖出，将选好的种苗剪去块根，切去下部根状茎和须根后，将丛生植株分成单株。根状基茎横切面呈现白色放射状花纹（俗称菊花心）为佳。剪去叶片长度的1/3，保留1cm以下的茎节，以保证叶片不散开。分苗后及时栽植（图3-3-1）。

图3-3-1　分　苗

三、整地

1. 所需工具和材料

铁锹、手推车、平耙等。

2. 内容及步骤

麦冬适宜于肥沃砂质壤土。在种植前必须做到深耕细耙，并捡净土中的石子、杂草等，用手推车运走。然后施基肥，与土壤混匀，再进行犁地1次，耙平后即可准备下种。

四、定点放线

根据设计图纸用皮尺量好实际距离，并用白灰画出（或用线绳拉出）要建植麦冬的范围即可。

五、分栽种植

1. 所需工具和材料

铁锹、花铲、剪枝剪等。

2. 内容及步骤

麦冬采用分株繁殖，分苗后立即栽植。种植可采用条栽或穴栽。条栽可按30cm的间距开沟，沟深4～6cm，每隔15cm左右分栽一株。穴栽则按“品”字形挖穴栽植，人工用花铲挖穴，穴径5～10cm，穴深约5cm，将预先分好的麦冬植株栽入穴中，埋土踏实(图3-3-2)。

图3-3-2　分栽种植

知识链接：

分栽植物的株行距、每束的单株数应满足设计要求。设计无明确要求时，草类株行距应保持在(10～15)cm×(10～15)cm，每束5～7株；时令草花每平方米35～45株。

麦冬分苗后如果不能及时栽植，则需养苗，即把苗的茎基放入清水浸泡一下，使之吸足水分，然后并排竖立放在阴凉处已挖好的松土上，周围覆土保存。如果气温过高，可每天或隔天浇水1次。养苗时间不超过7天。

六、栽后养护

1. 所需工具和材料

剪枝剪、铁锹、镇压机、浇水皮管等。

2. 内容及步骤

分栽后随即平整地面，利用磙子进行镇压，使麦冬根系与土壤密切接触，同时使地面平整无凸凹状，便于后期养护管理。然后灌水，如果灌水后出现坑洼、空洞等现象，应及时覆土，并再次用磙子进行镇压。

麦冬前期生长缓慢，植株矮小，易滋生杂草，妨碍麦冬的生长，所以应勤除草。栽植后半个月就应除草一次，5～10月杂草最易滋生，每月需除草1～2次。除草时结合中耕，中耕深度以小于3cm为宜，以不伤根和植株为度，从而达到既保水又通气的目的(图3-3-3)。

图 3-3-3　中　耕

七、清理现场

1. 所需工具和材料

铁锹、扫帚、簸箕、垃圾袋、手推车、垃圾车等。

2. 内容及步骤

①将施工现场的枯枝败叶等各类垃圾集中成堆，清理运走。

②收集整理施工现场所有的工具、材料等，清理干净并分别归位。

任务四　种植攀缘植物

【任务描述】

4 月下旬，北京市某城市公园绿地的坡地需要绿化覆盖。按照园林种植施工图，需种植 300m^{2}地锦。

【任务目标】

1. 掌握攀缘植物(地锦)的种植及种植后养护的相关知识。
2. 学会攀缘植物(地锦)种植及种植后养护的操作技能。

【任务流程】

选苗覆土—整地—定点放线—种植—栽后养护—清理现场

一、选苗覆土

1. 所需工具和材料

铁锹、剪枝剪、线绳等。

2. 内容及步骤

地锦是常用的垂直绿化、立体绿化及地被植物。地锦通常是在生长季节采用扦插、压条和播种方式繁殖。根据地锦容易生根的特点，可在入冬时节剪截插穗并挖坑埋藏，从而大量繁殖，用于工程绿化。本任务选用三年生地锦。

(1)预挖埋藏坑　在栽植前一年的入冬前，选择背风向阳处挖埋藏坑，长度、宽度随机，但深度要在 100cm 以上，以营造适宜的温度(3～10℃)、潮润的环境，利于插穗在埋藏过程中完成生根、发芽。

(2)剪穗成捆　10月下旬以后，选取地锦粗壮无病的枝条，自下而上剪截成20~25cm长的插穗，上带3~5个芽眼，注意最下端剪口要在基部芽眼以下0.5cm处，以利于生根。然后把插穗按基部一致的原则(即整齐基部)理顺成捆，最好计数捆牢，以便于后续操作。

(3)埋藏覆土　插穗最好在剪穗当日入坑埋藏。埋藏时，应注意插穗的极性，一定要使基部朝下，成捆的插穗可一捆挨一捆地直立码放。然后在插穗顶部覆潮润的干净土，厚约5cm，使插穗顶部不暴露。以后再根据气温的变化分次进行覆土，在1月最低气温到来前，其覆土的最后累积厚度应达到50~70cm。

二、整地

1. 所需工具和材料

铁锹、镐、平耙、锯、手推车等。

2. 内容及步骤

全面翻耕施工现场。翻土时，将表土翻入底层，以利于有机物质的分解；将底层土翻到表层，以利于土壤的熟化。翻土过程中，及时清理土中的杂物，除去土中的石块、粗树根和建筑垃圾等。翻后进行土地平整，以利于浇灌和排水。

三、定点放线

根据设计图纸用皮尺量好实际距离，并用白灰线画出(或者用线绳拉出)地锦的栽种范围即可。

四、种植

1. 所需工具和材料

铁锹、镐、剪枝剪等。

2. 内容及步骤

地锦插穗经过5个月的埋藏，到翌年春季3~4月，已自发生出了乳白色嫩芽和多条白根。但是此时露地平均地温尚低于坑藏地温，不利于根的生长，加之也未度过平均终霜日，不利于乳芽见光变绿，故栽植期不宜偏早，否则会因低温作用而发生死根回芽现象，不利于成活。最适宜的栽植时间是4月下旬至5月初，尽量做到随取随栽。栽植密度为1株/m，种植穴规格为20cm×20cm。栽植过程中不能损折乳芽、白根，栽后及时浇水。这样栽后1个月，就会看到展叶伸蔓的一派碧绿景象。

五、栽后养护

1. 所需工具和材料

剪枝剪、锄头、平耙等。

2. 内容及步骤

地锦耐贫瘠、耐干旱、耐阴、耐修剪，抗性强，栽培管理比较粗放。入冬后梳理枯枝，早春施以薄肥，可促进枝繁叶茂。为防止蔓基过早光秃和有利于吸附，宜多行重剪。在生长期可追施液肥 2~3 次，并经常锄草松土做围堰，促使其健壮生长，以免被杂草淹没。地锦怕涝渍，要注意防止土壤积水。在生长过程中，可根据情况及时进行修剪，以保持整洁、美观、方便，并根据生长和景观需要进行适当牵引。

六、清理现场

1. 所需工具和材料

铁锹、扫帚、簸箕、垃圾袋、手推车、垃圾车等。

2. 内容及步骤

①将施工现场的枯枝败叶等各类垃圾集中成堆，清理运走。

②收集整理施工现场所有的工具、材料等，清理干净并分别归位。

单元四

非正常季节种植苗木

单元介绍

种植苗木的最佳季节为春季。春季是各类植物经冬季休眠后的发芽生根阶段，气温适宜植物生长，且各种有害微生物繁殖较慢，植物断根、剪枝后伤口不易被污染，容易愈合，这些都是植物移植成活的有利条件，是其他季节不具备的。目前，随着园林绿化工程的不断发展，由于绿化工程施工时间的需要，园林植物移植工作并不是只在春季进行，而是在一年当中的任何时间都可以进行，甚至在夏季进行，即非正常季节施工或反季节施工。

北京市正常种植季节时间规定如下：

春季植树：3 月中旬至 4 月下旬。

雨季植树：7 月上旬至 8 月上旬。

秋季植树：10 月下旬至 11 月下旬。

铺种草坪、木本(盆移)花卉、草花：4 月下旬至 9 月下旬。

春季植树基本适合所有的树种，有些原生于南方的树种如雪松、竹子等，由于北京春季风大，建议在晚春种植，以免引起干梢造成树头或整株干死。雨季适合山地造林和常绿树的种植。秋季植树适合耐寒性高的当地树种，尤其是落叶乔木在落叶后种植，成活率很高。非以上 3 个季节的植物种植就是非正常季节种植，也称为反季节种植。这是从时间上的一种断定。

植物生长都有生长期和休眠期，苗木在休眠期间的种植，在生理上才是真正的正常季节种植。非正常季节种植就是在植物生长期间的种植，这一段时间大多数植物处于生长阶段，生理活动旺盛，对水分的需求很大，移植过程中一旦失水，就会造成死亡。为保证根系发育，非正常季节种植时对土壤水、气、热的调整与控制更为重要。

按照非正常季节种植苗木的程序，具体施工步骤通常可划分为苗木选择、起苗、苗木运输、种植穴土壤改良、苗木栽植、苗木栽植后的养护六大步骤。影响非正常季节种植苗木成活率的技术关键包括带土球（或容器苗）移植、强修剪、合理浇水、加强养护四大项，其精髓就是创造优于其生境且能够抑制或缓和其树势失调的生存环境。

单元目标

通过完成乔、灌木，绿篱、色带植物，以及草坪、地被植物的非正常季节种植施工过程，掌握种植前苗木处理、种植穴准备、种植施工及后期养护的相关知识；熟悉苗木起土球、打包、种植穴准备、苗木修剪、种植、栽后养护等职业标准和规范；能够在园林绿化施工过程中因地制宜、活学活用，培养勇于创新、知难而上的探索精神。

任务一　种植乔灌木

【任务描述】

北京某绿化工程，根据工期安排要求在7~8月栽植10株雪松。按照种植施工图要求，雪松规格为高5.0~5.5m，树形优美，长势良好。根据施工要求需保证成活率在90%以上。

【任务目标】

1. 掌握雪松非正常季节种植的种植穴准备、选苗、掘苗、吊装、运苗、吊卸、栽植、栽植后养护管理等相关知识。

2. 学会雪松非正常季节种植的掘苗、运输、挖穴、修剪、栽植等操作技能。

3. 学会雪松非正常季节种植的移栽后围堰、立支柱、浇水等苗木养护操作技能。

【任务流程】

选苗—掘苗—运输—定点放线—挖种植穴—种植—栽后养护—清理现场

一、选苗

1. 所需工具和材料

皮尺、竹竿、线绳等。

2. 内容及步骤

①到距离工地最近的苗圃进行选苗，以1h车程距离为宜。

②用皮尺测量一根长度为5.5m的竹竿作为测量雪松高度的工具，并在5.0m处用红绳绑在竹竿上。测量高度时，树冠顶部处于红绳和竹竿顶端之间的雪松即满足高度要求。

③一个关键点是，雪松苗木一定要有唯一的一个主头，主干无损伤、无病虫害，树皮没有腐烂症状，长势旺盛。

④选好苗后，做好标记(系绳或自喷漆)。将标记做在雪松的主要观赏面方向，或者拍照记住主要枝条生长的方向。

二、掘苗

1. 所需工具和材料

铁锹、镐、白灰、手锯、剪枝剪、粗麻绳、蒲包片、草绳、砖头等。

2. 掘苗时间

最好选择连续阴天的16:00开始掘苗，以保证夜晚前或第二天一早种植上。

3. 内容及步骤

(1)种植穴浇水　雪松起苗前的土壤比较干燥，起苗前5天灌足水，以增加土壤的黏结力，有效补充大树的水分和有利于挖掘完整土球。在起苗前对整个植株喷洒一遍抗蒸腾剂，以减少水分、养分的蒸发，阻碍植物的生理活动量，促使植株处在半休眠状态。

(2)掘苗步骤

①起挖前，先将雪松下部枝条用草绳捆在树干上，注意不要折断树枝。这样既便于挖掘，又便于运输。

②先确定土球大小：土球直径为1.2m，土球高度为0.8m。以树干为圆心，60cm为半径画圆圈。去除土球上面的表土，至露出上层根为止。沿着圆圈向外开沟挖土，向下垂直挖掘80cm左右，深度约为土球直径的2/3。

③挖掘过程中，如果遇到小树根，用剪枝剪剪断，并要保证剪口平滑。遇到大树根，用手锯锯断，须根可用铁锹切断。

④将侧根全部挖断后再向内掏底，挖到80cm深，将下部根系铲断，不要放倒苗木。最后用铁锹将土球修成上大下小的苹果状球形。

⑤用蒲包片包裹土球，上部要留出30cm向树干包折，下部留出50cm向内、向土球底部包折。

⑥包裹土球后将事先用水浸好的草绳在土球中间横向捆3道，之后采用橘子式包扎。将草绳一头系在树干基部，稍微倾斜纵向向下经土球底(下部留出的蒲包片要向里紧贴根部)到达土球对面，再向上纵向拉草绳缠绕土球经树干折回，如此反复。按顺时针方向缠绕草绳，草绳间距8cm左右，缠绕至球满系牢。草绳排列要均匀紧密，土质疏松时应缠2遍。最后将树轻轻推到，保持土球完整。

⑦待雪松运走后，将原种植穴用土填平。

注意事项：

1. 如果土质特别疏松或者是砂质土壤，放弃土球掘苗任务。即使在挖掘中有部分土质疏松也要放弃，因为此种情况容易散坨，不能保证成活。

2. 土球挖掘过程中要严格按照程序进行，尤其是要清除上层表土。

3. 如有条件，可在春季起好土球，假植在工地或者工地附近，这是保证苗木成活的最好方式。

知识链接：

非正常季节种植苗木土球大小的确定：约为树高或树冠（以最大值为参考）的1/4，如树高5m、树冠冠幅6m，则以树冠为参考，土球直径为树冠冠幅的1/4，即1.2m（正常季节施工可以适当缩小土球直径）。

三、运输

挖掘好的雪松要随挖、随运、随栽。

1. 所需工具和材料

吊车、吊带、粗绳、蒲包片、草绳、稻草、砖头（或木方）、木杆、苫布、汽车等。

2. 内容及步骤

(1) 装车　吊装过程应有专职安全员在场，负责安全事宜。准备长度分别为6m和1m的2根吊带。

①将长吊带从土球底部绕过后，打一个"十"字活结，舒展后平放在地上，在树干处用短吊带缠绕后，与长吊带一起放在吊车吊钩上。

②吊带绑好后，进行试吊。由2个人轻扶土球，用吊车缓慢起吊，先起树干，再起土球，以土球离地20cm吊带不脱落、树干60°~70°倾斜为标准，此时可以继续往车上吊装。注意吊臂和树下不许站人。

③装车时，雪松土球朝向车头方向，树冠朝向车后，树梢不可拖地。如果树梢拖地，则用蒲包片和草绳缠绕绑扎树冠。土球下方铺垫稻草、草袋等较柔软的杂物，并用木方或砖头、石块在土球两侧固定土球，以免运输过程中车辆颠簸造成土球摇晃破损。靠近车尾箱板处，用木杆做成"十"字支撑，将雪松树干下铺垫草绳并绑好，架在"十"字支撑上，以雪松平躺后高度不超过3.5m为宜。装车后用绳索将树体、土球分别与车辆固定好。两侧超出车身的枝条要用草绳绑扎收回。装好后，用苫布整体包住土球后再运输。

(2) 运输　运输途中对雪松树身进行适当喷水，保持草绳、蒲包片湿润。运输车辆要采取覆盖措施，这样可以减少在运输途中雪松自身水分的蒸腾量。

(3) 卸车　用吊车卸车，卸车时轻提轻放，以免损伤雪松枝叶和造成散球。卸车程序与装车相反。

四、定点放线

具体内容见单元一任务一"八、定点放线"。

五、挖种植穴

1. 所需工具和材料

铁锹、稿、皮尺、浇水皮管、消毒液、生根剂等。

2. 内容及步骤

(1)种植穴土质要求　非正常季节的苗木种植土壤必须保证足够的厚度，保证土质肥沃疏松、透气性和排水性良好。

(2)种植穴规格　雪松种植穴的直径要比雪松土球直径大30~40cm，深度加深10~20cm。加深的10~20cm部分在种植前要填好回填土，并施入腐熟的有机肥作为基肥。

(3)挖种植穴　挖种植穴时以规定的穴径画圆圈，沿圆圈边缘向下垂直挖掘，挖成圆柱状，切忌挖成上大下小的锥形或锅底形。将表土和底土分别放置，去掉穴壁内部的大石块及不良土壤。

(4)种植穴浇水　种植前一天，可将穴内灌足水。也可以根据情况分别用1%~3%的消毒液和5%~8%的生根剂进行浸穴，以保证穴内土壤湿润，有效提高苗木成活率。

知识链接：

按照《绿化种植分项工程施工工艺规程》(DB11/T 1013—2013)规定，非正常种植季节施工时，种植穴直径应相应扩大20%，深度相应加深10%。大规格树木栽植时，其种植穴应比土球直径大60~80cm，深度增加20~30cm。

六、种植

1. 所需工具和材料

铁锹、镐、皮尺、剪枝剪、手锯、吊车、吊带、粗绳、木夯、防流胶药物、抗蒸腾剂、打孔器、ABT生根粉3号。

2. 内容及步骤

(1)种植前修剪　为保证雪松成活，要减少雪松的蒸发量，因此，在栽植前后都要进行修剪。栽植前进行粗剪，以疏枝为主，修剪时由上而下、由外及内，从疏枝入手，将交叉枝、平行枝、枯枝、密生枝、病虫害枝等剪去。

(2)种植

①用吊车小心地将雪松斜吊至种植穴内，将树干立起，调整树冠主要观赏面的朝向(最好按照苗圃原来的种植方向进行种植，以利于成活)，扶正树体，拆

除并取出全部包装物。

②向穴内依次填入表土、底土。填土时分层厚度一般为20~30cm，填一层、夯一层，使土球和周围土壤结合密实。栽植深度为土球上表面高于地表5cm。雪松严禁种植过深及覆土过多，否则会造成土壤过湿，影响根系呼吸，降低苗木成活率。

③为了使断根的雪松尽快恢复原来树势、扩大树冠，应对伤根采取如下恢复以及促生长措施：在雪松土球周围打洞，洞深为土球高度的1/3，施入浓度10mg/L的ABT生根粉3号灌根或土球喷雾，然后灌水。

(3)种植后修剪　种植后在粗剪的基础上进行细剪，以修整树形为主。修剪以疏枝为主，严禁短截枝条，修剪量通常可以达到1/5~2/5。剪口必须削平并涂抹专用防流胶的药物，并再次以抗蒸腾剂喷洒枝叶，以减少种植后雪松枝叶水分的蒸发。

注意事项：

1. 修剪时剪口、锯口均应平滑无劈裂。
2. 修剪直径2cm以上的枝条时，剪口应涂抹防腐剂。
3. 修剪的枝条应保留1~2cm的树橛。

七、栽后养护

1. 所需工具和材料

木杆或竹竿、铁锹、草绳、带喷头浇水皮管、喷水车、细铁丝、蒲包片、塑料薄膜、遮阴棚、微喷设施、杀菌剂等。

2. 内容及步骤

(1)立支柱　种植后立刻立支柱。用4根木杆作支柱，分4个方向支撑。木杆一端与地面呈45°角，打入土中20~30cm；另一端于树干高度2/3处用草绳固定捆绑，要求有效固定住树体，避免树体晃动过大而影响根系愈合生根。

(2)浇水　立完支架后做土堰，土堰直径比土球大20cm。之后立刻浇第一遍水，第一次浇水一定要浇透。土壤吸足水分后如果出现空洞要及时填土充实，如果出现树木倾斜要及时扶正。隔3天再浇一次透水，一周后浇第三遍水。水渗透后将土坑培成馒头状土包，即可进行保墒。浇水要掌握“不干不浇，浇则浇透”的原则。待移植的雪松成活后，结合中耕除草逐步降低培土高度。

(3)叶面喷水　在晴天，采取每天早晚对树冠各喷1次水的措施，时间选在8:00以前和18:00以后。喷水要细而均匀，为防止给树体喷水时造成种植穴土壤含水量过高，喷水时需在树堰上覆盖塑料薄膜。可以搭设遮阴棚并设置全树微喷降水，以提高成活率。

(4)防治病虫害　在高温期，应时刻提防菌类生长，要每隔 3~5 天根据实际情况喷施杀菌剂。

八、清理现场

1. 所需工具和材料

铁锹、扫帚、簸箕、垃圾袋、手推车、垃圾车等。

2. 内容及步骤

①将施工现场的枯枝败叶等各类垃圾集中成堆，清理运走。

②收集整理施工现场所有的工具、材料等，清理干净并分别归位。

任务二　种植绿篱、色带植物

【任务描述】

北京某绿化工程拟种植金叶女贞绿篱。由于工期要求紧，需在当年 7~8 月完成种植(双行种植)。要求修剪后绿篱高度为 50~60cm，宽度为 50cm，长度为 100m。

【任务目标】

1. 掌握非正常季节绿篱种植的选苗、挖掘种植穴、掘苗、运苗、修剪、栽植、栽后养护管理等相关知识。

2. 在非正常季节绿篱种植施工中，学会选苗、挖掘种植穴、掘苗、运苗、修剪、栽植等操作技能。

3. 学会非正常季节绿篱种植施工后围堰、浇水等苗木养护操作技能。

【任务流程】

选苗—掘苗—运苗—定点放线—挖掘种植槽—种植—修剪—栽后养护管理—清理现场

一、选苗

1. 选苗标准

①符合金叶女贞绿篱苗木的规格要求(比绿篱修剪后的高度高 10cm，即株高

60～70cm）。

②生长健壮，根系发达，无病虫害。

③尽量选择近 2 年移植过的苗木。

④移植地距离种植地以 1h 车程为宜。

2. 选苗方法

按照以上选苗标准，对照各个苗圃的金叶女贞苗木，从中优选出符合要求的苗木 550 株（双行绿篱按 5 株/m 计算，预留出 10% 的苗木，则 100m 长度的绿篱需要金叶女贞苗木 550 株）。

二、掘苗

1. 所需工具和材料

卷尺、橡胶手套、尖锹、镐、无纺布等。

2. 掘苗时间

最好选择连续阴天的 16:00 开始掘苗，保证夜晚前或第二天早晨种植好。

3. 内容及步骤

必须带土球且土球规格大于正常季节种植的苗木土球。目前金叶女贞、大叶黄杨、小叶黄杨、紫叶小檗等色带苗都有营养钵苗，非正常季节种植要求选择营养钵苗。

三、运苗

装车和卸车时均应轻拿轻放，分层摆放。运输中切忌对苗木喷水，否则易造成捂伤烧苗；要采取防晒措施，可用遮阳网覆盖在苗木上。

四、定点放线

按种植施工图进行定点放线，与正常季节种植没有区别（具体内容见单元二任务一“三、定点放线”）。

五、挖掘种植槽

绿篱苗的种植，既可以挖掘种植槽种植，也可以用铁锹挖掘种植穴种植（具体内容见单元二任务一“四、挖掘种植槽”）。

六、种植

1. 所需工具和材料

铁锹、剪枝剪等。

2. 内容及步骤

由绿篱一端向另一端退植。将苗放在坑中，扶正，确定位置后，边填土边踩实。随栽随将损伤的枝条、根系修剪掉。双行绿篱采用“品”字交叉种植，苗与苗的冠幅间距5cm。种植密度不可太密，否则容易引起白粉病害；种植密度也不可太稀，否则会影响观赏效果。

种植后，做围堰，高度应高出地面15cm。

注意事项：

1. 绿篱的株行距应均匀。

2. 苗木冠形丰满的一面应向外，或者将冠形饱满的苗木种植在绿篱外缘，并按苗木高度、冠幅大小均匀搭配。

七、修剪

1. 所需工具和材料

绿篱剪、木桩、线绳、锤子等。

2. 内容及步骤

种植后，可以先对冠部进行粗修剪。在浇完第二遍水并扶直苗木后，再进行细整形。按修剪高度在绿篱4个角上钉4根木桩，上、下两端都用细绳打线，然后用绿篱剪进行修剪。上平面、正立面及两侧面修剪时先轻剪，按照细修面的原则做到修剪后横平竖直。按照线绳的高度进行找平修剪。

注意事项：

修剪过程中要经常把线绳拉起再自然放回，以防止线绳藏于苗木中造成线形跑偏。

八、栽后养护管理

1. 所需工具和材料

铁锹、蒲包片、带喷头的浇水皮管、铁丝、钳子、竹竿或木杆、细绳、绿篱剪、剪枝剪、手锯、遮阴棚等。

2. 内容及步骤

(1)浇水　种植后浇足第一次水，浇水后需要仔细观察，保障每株苗木都能被浇到水、浇透水。浇水后第二天将歪斜的苗木扶直。24h 后浇第二遍水，第四天浇第三遍水。围堰高度可根据上次浇水的情况适当降低。

(2)缓苗期管理　浇 3 遍水后，苗木仍然没有缓苗的，需要搭遮阴棚遮盖，待缓苗后再将其撤掉。缓苗期应每天给苗木适当喷水。

(3)喷淋　栽植后，除正常浇透水，每天还要喷淋 2 次水，以促使苗木早日生根发芽成活。

九、清理现场

1. 所需工具和材料

铁锹、扫帚、簸箕、垃圾袋、手推车、垃圾车等。

2. 内容及步骤

①将施工现场的枯枝败叶等各类垃圾集中成堆，清理运走。

②收集整理施工现场所有的工具、材料等，清理干净并分别归位。

任务三　种植草坪、地被植物

【任务描述】

北京某绿化工程拟铺植 800m^{2}高羊茅(冷季型草坪草)。由于工期要求紧，需在当年 7~8 月完成。要求成坪效果，成活率在 95% 以上。施工现场局部地段土壤杂质过多。

【任务目标】

1. 掌握非正常季节草坪铺植的土壤改良、起草皮卷、铺草皮卷及施工期养护的基本操作方法。

2. 学会在非正常季节铺植和养护冷季型草坪草的操作技能。

【任务流程】

场地准备—定点放线—起草皮卷—运草皮卷—铺植草坪—浇水—施工期养护—清理现场

知识链接：

冷季型草坪草的特性：生长期为 9 月至次年 5 月，从 6 月开始逐渐进入休眠期。喜水，喜湿润气候，不耐高温、高湿。北京地区冬季的大风和低湿度致使冷季型草坪草枯黄(如果经常浇水可以保证草坪的绿色)。夏季休眠期，北京的高温、高湿很容易造成冷季型草坪草的病害，形成斑秃。因此，在非正常季节种植冷季型草坪草时，宜选择抗性强的高羊茅品种，但是要注意草坪地的排水和降温(早、晚喷水)。

一、场地准备

1. 所需工具和材料

铁锹、镐、给排水管线、管件、喷灌设施、钳子、皮尺、手推车、平耙、碾压机等。

2. 内容及步骤

(1)灌溉排水设施埋设

①铺设喷灌设施：按设计图纸要求进行给水管线和喷灌设施铺设。首先在地下80cm左右铺给水管线，然后按喷头喷水半径设立喷头。

②铺设排水管道：按设计图纸要求进行排水管道铺设。先做微地形，形成自然汇水面，再在低洼处挖排水沟，铺设排水管，将水排走。

(2)土地平整与翻耕

①清除杂物：清除场地内的所有砖头、瓦块、树根、杂草等杂物。一是便于土地的翻耕与平整；二是消灭多年生杂草，以避免草坪建成后杂草与草坪草争夺水分和养料。

②初步平整土地、施基肥及翻耕：在清除了杂草、杂物的地面上，初步进行一次起高填低的平整。平整后撒施有机肥或草坪复合肥，然后进行一次全面翻耕，深度在20~30cm。

③更换杂土与平整：在翻耕过程中，由于局部地段地质欠佳、混杂的杂土过多，需要换土。在换土或翻耕后灌一次透水或碾压2遍。

④整理场地：用平耙细细平整土地，做到土层表面平整，排水坡度适当，杂草和草种清除干净。

(3)地形处理　按照设计图纸要求做地形。整个地形的坡面曲线保持排水通畅。由里向外施工，边造型，边压实，施工过程中机械不得在种植表层土上施压。

二、定点放线

一般草坪铺种是绿化工程中最后一道作业，在同地块其他苗木未种植前，尽量不要铺种草坪。也就是说，在其他工程施工后留下的所有作业面上都要铺种草坪，所以不用单独进行定点放线。

三、起草皮卷

1. 所需工具和材料

草坪修剪机、起草机、利铲、铁锹等。

2. 内容及步骤

(1)高羊茅草坪草选择标准

①无杂草。

②无病虫害。

③生长势好，最好是前年秋季播种的草坪，可以起成草皮卷。

(2)起草皮卷　起草皮卷前对草坪草进行一次修剪，修剪后草长5~6cm。提前进行灌水，以土壤湿润深度10~12cm为宜，最后镇压保持土壤湿润。起草皮规格为30cm×60cm，土壤厚度掌握在4~5cm。使用专用的起草皮卷机器进行起卷，再用利铲每隔60cm垂直向下将草皮呈块状切断，切断后人工将草皮卷好装车。

四、运草皮卷

注意将草皮卷盖好苫布，防止运输过程中上层草皮卷失水。严禁喷水，否则易造成捂苗烧死。

五、铺植草坪

1. 所需工具和材料

磙压机、铁锹、多菌灵800倍液等。

2. 内容及步骤

要做到随起、随运、随铺。草皮卷铺植前，先用多菌灵800倍液喷洒地面进行杀菌消毒。草皮卷铺植间距为1~2cm。铺后碾压，使草皮与土壤紧密结合、无空隙，易于生根，保证草皮成活。

六、浇水

1. 所需工具和材料

浇水皮管、铁锹、细铁丝等。

2. 内容及步骤

草皮碾压后浇第一遍透水，保证坪床5~10cm湿润，使草皮恢复原色或不过多失水。之后每天早、晚各喷一次水，以保证草皮的需水量。喷灌达不到的范围，需要人工用水管补水。

七、施工期养护

1. 所需工具和材料

铁锹、打孔器、喷灌设施、草坪修剪机、打药车、百菌清1000倍液、多菌灵液、高锰酸钾、尿素等。

2. 内容及步骤

①铺植草坪后7~10天，喷洒百菌清1000倍液。

②雨水过后要仔细查看现场，积水处应及时排除积水。

③短时降雨后接着进行喷水灌溉。

④如果草坪发黑，可能有2种原因：一是草坪的土质不好，这种情况就应该起草皮进行换土再铺种；二是草坪未浇到水，此时应该及时补水。

⑤草坪发黄是草坪病害的一个症状，要用打孔器进行打孔铺沙，避免积水。严重时要清除草坪，喷洒多菌灵液后重新补植。

⑥每隔10~15天进行一次修剪，修剪高度宜保留在5~6cm，不可过短，否则容易引发病害。修剪之前用高锰酸钾和多菌灵液对刀片进行浸泡消毒，每工作4h消毒一次。修剪后必须喷水。

⑦在8月底至9月初草坪进入正常生长季节，需要加大浇水量，可以施一些尿素促进其叶面生长。

八、清理现场

1. 所需工具和材料

铁锹、扫帚、簸箕、垃圾袋、手推车、垃圾车等。

2. 内容及步骤

①将施工现场的枯枝败叶等各类垃圾集中成堆，清理运走。

②收集整理施工现场所有的工具、材料等，清理干净并分别归位。

参考文献

陈科东，2002. 园林工程施工与管理[M]. 北京：高等教育出版社.

陈祺，周永学，2008. 植物景观工程图解与施工[M]. 北京：化学工业出版社.

陈永贵，吴戈军，2010. 园林工程[M]. 北京：中国建材工业出版社.

成海钟，陈立人，2015. 园林植物栽培与养护[M]. 北京：高等教育出版社.

顾琴霞，2010. 园林植物的反季节移栽[J]. 现代园林(6)：56－59.

张东林，2008. 园林绿化种植与养护工程问答实录[M]. 北京：机械工业出版社.

张东林，束永志，王汝诚，2006. 初级(中级、高级)园林绿化与育苗工培训考试教程[M]. 北京：中国林业出版社.

张建林，2002. 园林工程[M]. 北京：中国农业出版社.

周兴元，刘国华，2014. 草坪建植与养护[M]. 北京：高等教育出版社.